知识就是力量

中国科学院心理研究所科普知心系列

心理学与我们
如何认知自我与世界

中国科学院心理研究所/主编

华中科技大学出版社
http://press.hust.edu.cn
中国·武汉

图书在版编目（CIP）数据

心理学与我们：如何认知自我与世界/中国科学院心理研究所主编．—武汉：华中科技大学出版社，2024.5
（中国科学院心理研究所科普知心系列）
ISBN 978-7-5772-0529-8

Ⅰ.①心… Ⅱ.①中… Ⅲ.①心理学－通俗读物 Ⅳ.① B84-49

中国国家版本馆 CIP 数据核字（2024）第 084716 号

心理学与我们：如何认知自我与世界		中国科学院心理研究所　主编	
Xinlixue yu Women: Ruhe Renzhi Ziwo yu Shijie			

策划编辑：杨玉斌
责任编辑：左艳葵　陈　露　　　　　　装帧设计：陈　露
责任校对：张会军　　　　　　　　　　责任监印：朱　玢

出版发行：华中科技大学出版社（中国·武汉）　　电话：（027）81321913
　　　　　武汉市东湖新技术开发区华工科技园　　邮编：430223

录　　排：华中科技大学惠友文印中心
印　　刷：湖北金港彩印有限公司
开　　本：880 mm×1230 mm　1/32
印　　张：12
字　　数：277 千字
版　　次：2024 年 5 月第 1 版第 1 次印刷
定　　价：88.00 元

本书若有印装质量问题，请向出版社营销中心调换
全国免费服务热线：400-6679-118　竭诚为您服务
版权所有　侵权必究

推荐序

当前,我国社会正处于高质量发展的新阶段,伴随着快速变化的社会环境,心理健康成为整个社会的关注焦点,人们急需系统科学、通俗易懂的心理学知识进行自我调适,以应对社会生活中的各种问题。《心理学与我们:如何认知自我与世界》从语言习得、认知发展、身体智慧、情绪调节、视觉世界、大脑透视六大篇章展开介绍,既涵盖了与日常生活息息相关的心理议题,又涵盖了心理学、脑科学、人工智能等交叉领域的前沿知识,兼具科学性、实用性、趣味性和时代性。

心理学科普既需要传递科学、严谨、准确的心理学知识,又需要切实解答大众关切的心理问题,还要兼顾快速的生活节奏下人们对轻松阅读的偏好,因而对心理学工作者提出了较高的要求。中国科学院心理研究所认知与发展心理学研究室党支部一直致力于心理学知识的普及,经过多年的努力,已成功打造出别具特色的党建品牌活动。支部党员的科普文章在网上获得一致好评,如今为大家呈现的这本科普读物——《心理学与我们:如何认知自我与世界》,正是全体支部党员向大众交上的一份令人骄傲的答卷。这本书中的每一篇科普文章都在回应大众关切的问题，以简单、直白的日常生活疑问切入主题，辅以清晰、简洁的心理学原理阐述，并结合经典的心理学实验、日常生活实例和生动形象的漫画插图进行轻松、有趣的解读。这种由表及里、深入浅出、娓娓道来的讲述，不仅能启发读者找到当前问题的解决途径，还能加深读者对心理学原理的理解，帮助读者学会将心理学知识应用到学习、工作和生活中，让心理学研究成果真正服务于大众与社会。

做好心理健康知识和心理疾病科普工作，是中国科学院心理研究所的重要职责之一。《心理学与我们：如何认知自我与世界》是"中国科学院心理研究所科普知心系列"图书的第一本，后续还会陆续整理、出版，以飨读者。心理知识的科普之路还很漫长，但路上风光无限，令人充满期待。以这本书的出版作为开端，希望支部党员进一步开动脑筋、大胆尝试，期待有一天，结合新媒体技术，我们的科普知心系列能够推出知心电影、网上知心平台等更加多样化的成果。

感谢为本书贡献智慧与心血的众多心理学工作者，我很期待大众能从这本书中感受到心理学的美妙，并能汲取力量，用更宽容、更智慧的态度认知自我与世界，也很希望这本书能对提升大众的心理健康素养有所帮助，为推进健康中国行动贡献我们的力量。

孙向红

中国科学院心理研究所研究员、党委书记

序

亲爱的读者,感谢你翻开《心理学与我们:如何认知自我与世界》这本书,我们将邀请你开启一次深入人类心灵的探险之旅。希望通过这段奇妙的旅程,你能够更加了解心理学,更加理解自我和世界,活出更加幸福快乐、"心花怒放"的人生!

在你阅读这本书之前,我想先跟你分享这本书背后的故事。如今,面对快速发展的经济社会和日益加快的生活节奏,很多人感到"压力山大",心理健康问题频发。然而,当人们寻求心理自助时,常常面对的要么是深奥难懂的学术教材,要么是充满励志色彩的心灵鸡汤。这促使作为心理学工作者的我不禁思考:如何用既严谨又生动的方式,将科学、准确的心理学知识科普给更广泛的读者群体?

考虑到如今已步入全民自媒体时代,几乎人人都在使用微信,借助微信公众号进行心理学科普更容易接触到大众,这也许是一种有效的方式。于是,作为中国科学院心理研究所研究员、认知与发展心理学研究室党支部书记,我开始发动支部党员同志以心理学工作者的身份,将各自的学术研究用生动、活泼的语言撰写成有趣、易懂的科普文章,发布在以党支部名义创办的微信公众号上。

这项工作得到了支部成员的支持,并顺利启动。在繁忙的科研工作之余,众多支部成员从各自的研究领域出发,结合大众最常遇见和关心的心理议题展开科普。为适应大众的阅读习惯,大部分文章以大众关切的日常生活疑问导入,在简明介绍相关的心理学研究情况及原理后,辅以心理学实验和日常生活案例进行阐述,为大众提供清晰、有趣的解答,同时,也让大众了解到心理学工作者的科研过程,感受心理学的美妙之处。日积月累,在这一方小小的心理学科普基地上,支部成员踊跃贡献智慧与心血,不仅吸引了众多关注者,收获了较高的阅读量,竟也结成了足以出版成书的硕果,于是有了你手中的这本书。

如前所述,这本书的内容与我们研究室的研究领域息息相关,在这里,我也要向你介绍一下我们所在的研究室——认知与发展心理学研究室。认知与发展心理学研究室以行为和认知神经科学为平台,研究人类基础和高级心理过程的行为与神经机制,以及认知的发展、成熟和衰退过程。这些科研内容听起来很枯燥,但在生活中的应用却无处不在:学外语存在关键期吗?孩子是如何认识死亡的?如何识别伪装表情?为什么被分手会让人心痛?眼见真的为实吗?什么是"读心术"?以上这些问题便被收录到我们这本书的六章中,分别是语言习得、认知发展、身体智慧、情绪调节、视觉世界和大脑透视。

如果你对心理学略有耳闻，你也许听说过心理学家让·皮亚杰。他是认知发展心理学的先驱，也被认为是儿童认知发展领域的奠基人。皮亚杰认为儿童是主要的学习者，通过感知、操作和思考来理解世界，并提出了儿童认知发展的四个阶段，这些观点直到今天都在为儿童的教育和教学活动提供着重要指导。在今天的"内卷"时代，"鸡娃"盛行，孩子的学习和个人发展是家长最为关心的，因而，我们将相关内容放在了最前面的两章中。在这两章中，很多别的家长遇到的问题你可能也会遇到：什么时候学习第二语言？孩子学习单词很困难怎么办？孩子为什么总是不自觉？孩子听得懂"言外之意"吗？我们希望能通过心理学的研究与分析，帮助你透过现象看到本质，了解到孩子的认知发展是一个动态变化的过程，从而缓解育儿压力，减轻焦虑，从容陪伴孩子成长。

育儿之外，职场生活也是让人们备感压力的重要来源。人是群居动物，很难脱离人群生活，如何在复杂的人际关系中游刃有余，既不迎合他人，也不丧失自我，拒绝精神内耗，保持情绪稳定，是很多现代人急需解决的问题。如何识别微表情？香味背后隐藏着哪些社交暗号？为什么我们会陷入反刍思维中？听音乐能减压吗？我们将这些内容放在了中间两章，探讨了情感的生理基础以及身体感觉与社交互动之间的紧密联系，希望能帮助你洞察身体信号，学会调节情绪，更自信地应对职场生活。

本书结尾两章，我们回到了人类获取、处理信息最重要的两大器官——眼睛和大脑，介绍了人们对这两大器官由来已久的"小误解"，以及当前科研人员正在积极攻克的热门问题。如何让盲人"看到"图像？弱视眼为何"弱"及如何变"强"？大脑是如何工作的？如何才能让左右脑全面发展？借助眼动追踪技术、功能磁共振成像技术等最新技术，科学家不断揭开人类行为与心理背后的奥秘，打开曾经颇为神秘的"黑匣子"，助力人类更好地了解自我与世界。

这个世界上唯一不变的就是变化，认知与发展也是如此。可以说，认知与发展贯穿了一个人的一生。每个人在其一生中的不同阶段都会遇到不同的问题，需要不断"升级打怪"才能顺利进入下一阶段，这也正是认知发展心理学另一位大师爱利克·埃里克森提出的社会心理发展阶段理论的奥义所在。不论你处于人生的哪个阶段，我们非常希望这本书能在你困惑不安时为你揭开谜团，帮助你更好地了解自己与世界，轻松前行。

感谢支部成员的支持，为本书提供了丰富多彩的内容，特别是支部宣传委员杨炀和支部副书记屈青青在本书编写过程中做了许多梳理工作，感谢他们的辛勤付出。感谢华中科技大学出版社的编辑们，他们为本书提出了许多专业、宝贵的建议，并精益求精地进行了配图、编校和设计等工作。本书得以问世，特别感谢中国科学院心理研究所党委的领导和大力支持，我们将继续努力，做好心理科普工作。本书是"中国科学院心理研究所科普知心系列"的首本图书，我们公众号的心理科普工作仍在进行中，未来相关文章也会陆续整理、出版，期待你的关注与建议。

亲爱的读者,此次旅程只是我们相遇的开端,期待未来能与你在心灵之旅更长久地相伴!

严超赣

中国科学院心理研究所研究员、博士生导师

中国科学院心理研究所所务委员、
认知与发展心理学研究室主任兼党支部书记

目录

第一章　语言习得篇　　001

亲子共读：如何阅读图画书？　　002

重复的力量：为什么儿童喜欢重复阅读一本书？　　007

几岁开始学外语：抓住第二语言习得的关键期　　016

广泛阅读：快速掌握新词的秘诀　　025

音乐训练：不只提升语言能力　　030

破解阅读障碍之谜：为什么他会看到文字在"跳舞"？　　035

第二章　认知发展篇　　047

交际意图：儿童听得懂"言外之意"吗？　　048

心理动机探析：儿童为什么做出友善行为？　　056

孩子总是不自觉？别责怪孩子，先反思自己！　　062

三个和尚没水喝：如何提升主动控制感？　　070

不可或缺的生命教育：如何与儿童谈论生病和死亡？　　078

孤独症早期鉴别：发现"来自星星的孩子" 089

超常儿童教育：如何呵护"天才"？ 101

疯狂的"莫扎特效应"：学音乐能让人更聪明吗？ 118

第三章 身体智慧篇 125

闻香识人：不要忽视那一吸间的暗号 126

社会性注意：人类社交、生存和进化的关键力量 131

"表里不一"：伪装表情是否有迹可循？ 135

别对我说谎：人工智能下的微表情分析 140

从身体到意识：探索身体-环境-大脑的认知交互 145

第四章 情绪调节篇 153

听音乐能减压？要看是什么音乐！ 154

反刍思维：为什么事情会变成这样？ 159

"内固精神，外示安逸"：身心训练，你了解多少？ 166

呼吸放松：冥想对我们的大脑做了什么？ 171

心痛的科学：为什么被分手会让人心痛？ 177

重拾活力：赶走抑郁症这条"黑狗" 185

第五章　视觉世界篇　　　　　　　　　　　　201

眼见为实？你被你的视觉欺骗了！　　　　　　202

视觉颠倒：为什么我们不会感觉世界是颠倒的？　　207

不喜欢 3D？你可能需要改善立体视　　　　　　214

逆袭黑暗世界：让盲人"看到"图像　　　　　　218

视觉审美：美真的有客观准则吗？　　　　　　　224

弱视十问：弱视眼为何"弱"及如何变"强"？　　237

数字时代的挑战：如何管理孩子的"屏幕时间"？　247

眼动追踪技术：揭开心灵之窗的秘密　　　　　　253

第六章　大脑透视篇　　　　　　　　　　　　263

给大脑拍张照：磁共振成像如何"看清"大脑活动　　264

大脑是如何工作的？揭开大脑组织与功能的奥秘　　269

左脑理性，右脑感性？左右脑全面发展才是好脑子　273

走近"读心术"：科学家如何解码人类思维？　　　279

心理实验测试平台盘点：全球心理学家的实验工具箱　290

参考文献　　　　　　　　　　　　　　　　　295

第一章
语言习得篇

亲子共读：
如何阅读图画书？

倪爱萍　李　甦

与满是文字的大部头相比，带有图画的图书，总会给人的阅读带来更多的愉悦。17 世纪中叶，世上第一本图画书《世界图绘》(*Orbis Pictus*)诞生了。从此，小朋友们有了一个重要的成长"小伙伴"——图画书，图画书阅读也成了小朋友们经常进行而且非常喜欢的一项活动。发展心理学研究表明，图画书阅读具有非常重要的多方面的发展价值。图画书阅读与儿童的语言发展、文字概念形成和阅读行为紧密相关。图画书阅读不仅有助于提高儿童的语言与读写萌发技能，而且对儿童的情绪、情感发展和性格养成也具有重要的作用。

儿童作为图画书的阅读主体，是如何阅读图画书的呢？近年来，国内外学者采用眼动追踪技术，即通过记录和分析儿童阅读图画书时的眼动特点，尝试回答这个有趣的问题。

1. 阅读图画书时，儿童喜欢看哪儿？

几乎所有关于儿童图画书阅读的研究，其结果都表明，2～6 岁的儿童对书中图画部分的关注度远高于对文字部分的关注度。也就是说，儿童更喜欢看图画书中的图画部分。而且，儿童总是先去注视书中的图画部分(即对图画部分的注视速度较快,而对文字部分的注视速度则较慢)。这种特点在自主阅读、伴读(家长将书中的文字读给儿童听)以及指读(家长用手指指向书中的文字同时读给儿童听)的情境下都得到了体现。例如,加拿大 Evans 等的一系列研究发现,3~5 岁的儿童在"伴读"情境下注视文字的时间约占总阅读时间的 2%。不论书中的图画是彩图还是简单的黑白线条图,也不论书中的文字处在什么位置,比如位于图画的上方、下方或者嵌入图画当中,儿童都很少会去看文字。即使让儿童在某一页多看一会儿,他们也不会用更多的时间来看文字。

可以看出,图画自身的特点(例如图画形象的逼真程度)会非常吸引儿童的注意,也正是这些特点的存在才有利于儿童的阅读学习。此外,亲子共读中家长与儿童互动的典型特征也会使儿童更多地注意图

相比文字,儿童更容易被图画吸引

画。在亲子共读中，家长与儿童的互动聚焦于图画所构建的情节上。家长与儿童的对话及手势语言绝大多数与图画以及故事线索所传递的信息有关，这也是儿童阅读时很少关注文字的一个重要原因。

2. 在什么情况下，儿童会关注文字？

研究表明，在"指读"情境下，儿童注视文字部分的时间占总阅读时间的比例会有显著提升。虽然家长指读能引导儿童更多地去关注文字，但是目前并没有明确的证据证明儿童注视文字的时间增多能直接提升他们识别图画书中出现的文字的能力。不过，人们已发现，通过指读以及其他外显的文字指示策略（比如家长针对文字进行评论、提问等），可以明显提升儿童的文字意识（儿童对文字的形式和功能以及口语和书面语之间的关系的一种认识，而不是识字）。

随着儿童年龄的增长，他们对图画书中文字的关注度逐渐提高，对图画的关注度逐渐减少。研究者请4~5岁儿童重复阅读图画书5次，发现在第五次阅读时，儿童注视文字部分的时间和次数要比第一次阅读时更多。这表明，重复阅读增加了儿童的阅读机会和阅读时间，有助于儿童不断探索新鲜的事物。随着阅读次数的增加，儿童对熟悉的图画的兴趣降低，从而将兴趣点转移到相对陌生、新鲜的文字上。这些研究提示，儿童对图画书中文字的关注度会随着年龄及阅读过程的变化而发生变化。此外，儿童自身的语言发展水平也与他们对文字的关注度有关，因此接受性语言能力越高的儿童，看向文字部分的速度会越快，看图画部分的时间会少一些。

儿童喜欢看图,不太关注文字,这可能会让人们有些担忧。儿童总是看图,会不会影响他们入学后的文本阅读能力呢?要回答这个问题,需要在研究中将图画书阅读与文本阅读建立联系,系统考察儿童的图画书阅读能力是否能够预测其后期的文本阅读能力。虽然目前还没有相关的实证研究,但是我们可以回到阅读过程本身来思考这个问题。在图画书的阅读过程中,儿童需要对图画进行观察,并进行联想和推测,最终整合出图画信息的完整意义。这些能力与文本阅读所需要的能力可能是共通的。所以,在图画书阅读中,儿童对图画信息的解读是非常重要的,这也是图画书阅读本身所蕴含的重要的、远远超越识字的价值之所在。

儿童喜欢看图,不太关注文字

3. 阅读图画书时，儿童是怎么读图的？

3～6岁的儿童阅读图画书时，总是会先关注图画中的主角，然后才会关注图画的背景。他们对书中占据较大面积的图画的注视较早，而对占据较小面积的图画的注视较晚。2～3岁的儿童就能够有意识地关注图画故事中的主角，他们对图画书中只占图画面积1％的主角的注视时间占总阅读时间的比例大于10％。这说明儿童很早就具备了一定的阅读（读图）能力。随着年龄的增长，儿童对主角的注视时间占总阅读时间的比例也在增长，而且他们对主角的回视次数也在变多。这些重要的发现说明，儿童在阅读过程中能够主动提取书中重要的图画信息，并尝试理解这些信息。

目前，在有关儿童图画书（特别是无字图画书）阅读的研究中，对不同年龄的儿童阅读图画书的心理过程的研究还不多。图画书中包含着丰富的图画信息。除了画面形象之外，色彩、构图、比例及视角等都传递着信息和意义。儿童在阅读过程中是如何觉察这些信息并将它们整合起来，从而建构意义，达成理解的？儿童的认知能力和语言能力在图画书阅读中发挥着怎样的作用？对这些具有挑战性的问题的研究，将会为开展图画书阅读教育提供重要的心理学依据。

重复的力量：
为什么儿童喜欢重复阅读一本书？

张文芳　李　甦

"妈妈，您再给我读一次吧！"睡觉前，4岁的小天拿着一本书让妈妈给他读。这已经是小天第四次想要读这本书了。小天的妈妈有点累，也很困惑，为什么都给小天读了3次了，他还要继续读这本书呢？相信很多父母遇到过这样的情况，甚至有的时候书中的内容小朋友已经记得烂熟，却还要一次次地阅读同一本书。那么，为什么小朋友会痴迷于多次重复阅读同一本书呢？这样的重复阅读是否有利于他们的成长？在重复阅读的过程中，父母如何给予小朋友适宜的支持呢？

1. 为什么儿童会重复阅读一本书？

（1）情感满足——通过重复阅读与书本"交朋友"

重复阅读一本书就像深入认识一个朋友。我们与朋友相处的时间越多，就越了解他；儿童花在某本书上的时间越多，对书中的故事就越熟悉，与故事的联系也就越紧密。

因此，熟悉性是儿童多次重复阅读一本书的重要原因之一。通过多次阅读，儿童可以预测书中的文字、图片甚至父母读故事的语调等。从某种意义来说，在变化万千的世界中，重复阅读可以通过相同的故事为儿童提供一个稳定的"小世界"。

(2) 认知提升——通过重复阅读来温故知新

第一次看某部电影时,我们通常是理解电影的关键剧情和人物。但第二次、第三次看同一部电影时,除了关键剧情和人物,我们还可以更多地思考电影较深层次的意义。儿童重复阅读同一本书也是如此,他们会在多次阅读中发现和关注到一些新的内容。倘若儿童每次都读不同的书,他们就必须集中精力去理解不同的故事,从而缺乏足够的时间或注意力去深入了解书中其他更多的信息。

从个体发展来看,儿童记忆和学习书本中的信息会受到其认知能力,包括注意力、记忆力发展的限制。以往的研究发现,相比通过感知

儿童喜欢重复阅读同一本书

现实中的三维物体来获得直接经验,儿童学习文字、图片、视频等二维信息是比较困难的。重复阅读增加了儿童加工这类信息的机会,进而可以帮助他们学习这类信息。同时,通过多次阅读,儿童可以专注于体验书中的不同元素、提出问题并结合讨论进行深入学习。

(3) 兴趣发现——通过重复阅读保持阅读兴趣

儿童选择多次重复阅读同一本书的原因,也可能是在某个时间段他们很难找到其他喜欢的书,因此,重复阅读成为他们在找到另一本想要读的书之前的过渡期的"被迫"行为。2020 年发布的《儿童与家庭阅读报告·中国版》表明,随着年龄的增长,40％左右的儿童很难找到自己喜欢的书。因此,重复阅读已经读过的图书可以让儿童在找到下一本喜欢的图书时仍保有阅读兴趣。

2. 重复阅读对儿童发展的积极影响

(1) 重复阅读的理论解释

自 20 世纪 80 年代以来,研究者一直关注重复阅读对儿童早期的语言、阅读、社会情感等方面的影响。以往有两种理论来解释重复阅读作为一种阅读方法的有效性。第一种理论是自动化理论,第二种理论是言语效率理论。这两种理论都假设阅读者可分配的注意力资源是有限的,尤其是儿童的注意力资源。在可分配的注意力资源有限的情况下,重复阅读可以更好地帮助初学者将较低级别的阅读过程(比如,文字的特征提取、正字法加工、语音编码等)自动化,也可以提高其句法分析或句法单元整合等过程的效率,进而释放出更多认知资源进行高层次的阅读理解。

(2) 重复阅读有助于学习新词汇

词汇学习对于儿童的语言及阅读发展至关重要。同时,对儿童来说,词汇学习是一个复杂的过程,包括对新词意义粗略的快速映射和逐渐将新词意义纳入记忆的慢速映射。例如,儿童在绘本中的某一页上看到"狮子在草原上捕捉猎豹"这句话时,假如儿童不知道"猎豹"这个词的意思,但他已经知道"狮子"和"草原"这两个词的意思,那么他就可以通过概念互斥和排除的方法确定"猎豹"这个词指的就是图中新奇的对象,这就是快速映射。但需要注意的是,仅仅通过一次接触发生的快

儿童在重复阅读中学习新词汇

速映射可能会阻碍儿童学习词汇的正确含义,而重复阅读就可以帮助儿童减少快速映射中的错误。慢速映射是指为了完全掌握新词汇,儿童必须对新词汇的字形进行编码、对新词汇所指事物进行编码(例如,形状、颜色等具体信息),并将这些信息存储在大脑中,才能在新语境中遇到这些词语时也能从大脑中检索出来。这就是说,慢速映射包括了形成名称-对象之间的紧密联系及记忆表征的过程。重复阅读可以帮助儿童在慢速映射过程中加强名称和对象的关联。在整个阅读过程中,随着儿童听到"猎豹"这个词,并在每个新的页面上看到"猎豹"所对应的对象,"猎豹"这个名称与其所指代的对象的关联就会得到加强,从而形成理解。所以,重复阅读有助于词汇学习中的慢速映射。

目前有多项关于语言习得的研究也发现"少即是多",即比起每次阅读不同的书,重复阅读同一本书可能是词汇学习的重要途径之一。例如,一项研究对比了3岁左右的儿童通过重复阅读同一本书与阅读不同的书学习相同词汇的效果。研究者使用自编的故事书,故事书中包含如"tannin"等自编的目标词(心理学研究中常用类似的人工词汇排除儿童已有词汇知识对研究结果的影响)。重复阅读组的儿童一天内连续3次听到包含目标词的同一个故事,阅读不同故事组的儿童则听到三个不同的故事,但这三个不同的故事均包含相同的目标词。读完故事后,儿童被要求从四张图片中选出目标词。结果发现,重复阅读组儿童的词汇学习效果好于阅读不同故事组的儿童。

研究者认为,多次重复阅读为儿童提供了编码、关联和存储词汇或信息的机会,从而使他们产生了更强的记忆表征。此外,当上下文(故事)重复时,儿童能够预测接下来会听到的词汇,并且能通过联系故事情节来学习。儿童通过重复阅读内化新词汇并且意识到词汇或其他语言单元的可预测性,从而进一步学会利用策略进行更广泛的词汇学习或阅读。

(3) 重复阅读有助于加深理解

儿童图书,特别是叙事类儿童图书,通常会描述人或其他动物等角色之间的关系,同时也关注角色行为背后的问题、想法、意图和情感等。布鲁纳(Bruner)的叙事双情境模型指出,儿童图书中的叙事包含行为和意识两个层面的"情境"。行为层面侧重于书中的一般内容,包括故事情节、人物行为等,主要是对事件或行为的总结,通常是父母和儿童最容易讨论的"显而易见"的方面。而意识层面则侧重于更深层次的内容,包括社会情感,如人物行为背后的想法、情感和意图等,更多是对文本内容的深入理解和分析。这个层面的内容是超越"此时此地"、需要深入挖掘的方面。父母和儿童可以在这个层面讨论书中出现的问题及解决方案,并将书中内容与儿童的生活联系起来。已有研究发现,重复阅读有助于儿童通过文本或图画理解故事的角色与情节。此外,在重复阅读中,儿童与父母围绕书本的对话和反应会变得越来越丰富,儿童能够在自己和图书之间、图书和图书之间建立联系,为未来更复杂的叙事做好准备。

如果一本图书只阅读1次,父母和儿童之间的对话大多会围绕行为层面的内容展开。McArthur等(2005)请2～3岁儿童的母亲用2周时间与儿童共读两本不熟悉的绘本,一共读3次。研究者分析了共读过程中的亲子对话视频,结果发现,在第一次阅读时,母亲更关注图书中行为层面的一般性信息,并且需要吸引儿童关注图书。相比2岁的儿童,年龄更大的儿童和母亲的互动中有关行为层面的对话会减少,而关于意识层面的对话会增多。随着儿童对故事越来越熟悉,亲子对话的内容没有显著变化。但一开始,母亲更多地关注故事相关知识的传递,之后,母亲通过提出更多问题以及提供更多反馈来帮助儿童理解故事涉及的知识。此外,母亲的这些变化与儿童参与度的变化密切相关,在母亲的影响下,儿童也会更积极地提出关于人物行为原因或人物情感等意识层面的问题。

所以,重复阅读同一本书为父母和儿童提供了关注意识层面内容的机会。通过亲子对话,父母和儿童可以更深入地探讨人物的社会和情感状态,从而能够不断促进儿童的语言发展,提高儿童的社会情感理解能力。Ratner和Olver(1998)利用自编的民间故事考察了四名4岁左右的儿童及其父母在重复阅读中涉及的想法、感觉、错误信念和欺骗等方面的讨论。结果表明,通过重复阅读,儿童对错误信念和欺骗的理解能力增强了。2021年,一项样本较大的研究探查了4~6岁儿童及其父母在重复阅读期间和之后对话的变异性与稳定性。结果表明,无论是阅读期间还是阅读之后,重复阅读为父母和儿童提供了深入讨论书本内容的机会。在重复阅读的过程中,父母会更多地讨论书中意识层面的内容,儿童也能够做出更多的联想、判断以及详细的评价。这种更丰富细致的对话不仅有助于儿童的语言发展,也有助于他们的社会情感理解能力的提升。

培养儿童的阅读兴趣应该与培养其阅读理解能力齐头并进。在阅读理解能力发展的早期，减少儿童在单个词语的理解上的困扰，会让他们对自己的阅读能力更加自信，更有可能享受阅读。当父母第二次、第三次和儿童阅读同一本书时，不仅是在帮助儿童拓展词汇量和阅读理解能力，也是在激发他们的阅读兴趣，帮助他们树立作为独立阅读者的信心。

3. 父母如何在重复阅读中给予儿童适宜的支持？

(1) 注意重复阅读的次数和间隔

当儿童选择出感兴趣的图书后，父母可以根据图书内容的层次和丰富性引导儿童在几周内重复阅读这些图书。一项基于 16 项研究（覆盖了 466 名儿童参与者）的荟萃分析表明，重复阅读对儿童建立起与故事相关的词汇库及提高阅读理解能力有积极的影响。同时该分析也提示，适合儿童发展的图书可以在 1 个月内反复阅读至少 4 次，每次阅读 20 分钟或更长时间，对儿童的词汇学习和阅读理解能力的提升帮助更大。

(2) 在每次阅读中积极与儿童互动

在亲子共读中，父母与儿童的对话会对儿童的语言发展能力、阅读理解能力以及社会情感理解能力的发展产生重要的影响。在每次阅读的过程中，父母都可以利用对话式阅读的技巧，基于儿童的发展水平与儿童一起阅读。比如，父母要意识到解释新词的重要性，可以给儿童指出不常使用的新词；可以就图画的细节与儿童展开讨论，在不同的时刻停下来去欣赏图画也很重要；可以提出更多的开放式问题，引导儿童学会思考和推理，并鼓励儿童将故事与自己的日常生活经验联系起来；等等。

(3) 温和地引导儿童并培养儿童的阅读习惯

虽然让儿童热爱阅读的最好方法是允许他们自主选择图书,但如果儿童总是阅读同一本书,父母可以尝试引导儿童选择其他图书。比如,通过与儿童讨论,弄清楚他们喜欢书的哪些部分(主题、韵律或是图画),然后向儿童介绍同一作者的其他图书或相似主题的其他图书等。同时,可以尝试带儿童到绘本馆或图书馆发现更多新的图书,也可以根据高质量书单帮助儿童找到他们感兴趣的图书。

等下次小朋友们想要重复阅读时,请大家积极地响应他们并给予足够的支持,让小朋友们在重复阅读中体验到像与老朋友玩新游戏一样的快乐。

亲子共读中父母与儿童的互动很重要

几岁开始学外语：
抓住第二语言习得的关键期

李欣晶　屈青青

许多父母持有一种观念：不能让孩子输在起跑线上。不管是学钢琴、学舞蹈，还是学外语，很多父母都觉得越早开始学习越好。尤其是现在需要使用外语的地方越来越多，日常交流、出国旅游、留学，甚至工作中都不免要和外语打交道。于是，与此相应的是各种各样的外语学习和培训课程日益火爆，有手机应用程序、线下培训班、家教等。同时，这一现象也在传递一种焦虑，那就是外语学习越早开始越好，目前甚至已经出现了面向孕妇的外语胎教。

外语学习真的是越早开始越好吗？个体是否在某个年龄段在外语学习方面更有优势呢？如果是，存在这种优势的原因是什么呢？一个外语基础薄弱的成人能够学好外语吗？

上述这些问题不仅父母关心，研究语言问题的心理学家也同样关注，对这些问题的研究主要考察的是语言学习的关键期。接下来，我们将从什么是关键期、第二语言学习是否存在关键期、这一关键期的年龄段是什么、为什么存在关键期，以及我们应该如何对待关键期等问题展开介绍。

1. 什么是关键期？

"关键期"是指在个体成长过程中的某个时期，个体会对某种技能或行为方式非常敏感，如果在这一时期个体没有针对这种技能进行适宜的学习或接受恰当的刺激，那么个体很难掌握这种技能。1910 年，德国行为学家海因罗特（Heinroth）在实验中发现了一个十分有趣的现象：刚刚破壳而出的小鹅会本能地跟随在它第一眼见到的动物或者其他物体后面。这个跟随对象一般是小鹅的母亲，但是如果小鹅第一眼见到的不是自己的母亲，而是其他动物或者活动物体，如一只狗、一只猫或者一只玩具鹅，小鹅也会自动地跟随其后。尤为重要的是，一旦小鹅形成了对某个对象的跟随反应后，小鹅就不太可能再形成对其他对象的跟随反应了。这种现象后来被奥地利动物行为学家洛伦茨（Lorenz）称为"印刻效应"。洛伦茨认为，能够产生印刻效应的时间窗口就是关键期。对于小鹅来说，一旦过了关键期，就不会再产生印刻效应了，同时已经产生的印刻效应也不能改变了。

2. 第二语言学习的关键期是否存在？

1967 年，勒纳伯格（Lenneberg）首先提出了关键期假设。关键期假设认为，青春期以前，学习者由于年龄小，生理和心理处于发育期，大脑的可塑性较强，因此比较容易学会地道的第二语言；而成人发育完全成熟，大脑失去了可塑性，错过了第二语言学习的最佳时间，因此较难学会第二语言。关键期假设对语言学研究产生了巨大的影响。此后，语言学习是否存在关键期就一直是第二语言习得研究领域的一个争论焦点。

让我们看一下支持关键期假设的有趣发现吧。

美国前国务卿基辛格 12 岁从德国移民来到美国,他的英语有严重的德语口音,而仅仅比他小 2 岁的弟弟的英语却很纯正,这被认为是第二语言学习的关键期存在的一个很好的例证。

在第二语言学习的关键期的研究中,对于语音和句法的研究都发现了关键期存在的证据。一个人开始学习第二语言时的年龄可以显著地预测这个人最终的口语水平。有研究者发现,6 岁之前开始学习第二语言的儿童,口语较为纯正;6~12 岁开始学习第二语言的学习者,有的

动物中的"印刻效应"

口语纯正,有的存在口音问题;12岁以后开始学习第二语言的学习者一般都存在口音问题。对于语法学习来说,研究发现,7岁之后语法学习的正确率开始逐渐下降。有研究进一步发现,10~12岁开始学习第二语言的儿童在复杂的句法结构的掌握上差于7~9岁开始学习第二语言的儿童,不过在简单的句法结构的掌握上,两个年龄组的儿童不存在差异。从这些证据中可以看出,无论是语音还是句法的学习,的确存在第二语言学习的优势年龄。第二语言学习存在关键期,一旦错过了关键期,就很难达到第二语言学习的最佳效果;第二语言学习的关键期一般在青春期之前。

3. 为什么存在第二语言学习的关键期?

(1) 大脑可塑性的解释

大脑可塑性是指大脑先天遗传的结构或功能具有一定的可变性。人从出生到成年,大脑可塑性处在不断变化的过程中。年龄较小者的大脑可塑性非常强,但随着年龄的增长,其大脑可塑性逐渐减弱。有观点认为,大脑可塑性减弱会影响语言学习的成效。

(2) 普遍语法的解释

著名语言学家乔姆斯基(Chomsky)的普遍语法理论认为,所有人类语言共享一套固有的语法结构和规则,这套结构是先天具备的。普遍语法理论也可用于解释为什么第二语言学习存在关键期。该理论认为,儿童在早期发展阶段对语言的敏感性特别高,因为他们的大脑在这一时期极具可塑性,能够自然而然地无需外显教学就吸收和应用普遍语法的原则。随着年龄的增长,这种可塑性逐渐降低,大脑对于语言的处理方式开始固化,依赖已有的语言结构(如母语)来学习新的语言,这使得成人学习第二语言时可能不再能直接和自然地利用普遍语法。因此,虽然成人仍能通过努力学习新语言,但是他们在学习过程中可能需要更多的时间和外显教学来适应新的语言规则,这也是为什么第二语言学习的关键期主要集中在儿童早期。

(3) 输入假说的解释

输入假说强调第二语言学习者接收到的语言输入的量和质对学习效果的直接影响。对于儿童而言,他们的日常环境通常能提供丰富的

儿童学习第二语言比成人更容易

语言输入,如家庭、学校和社交场合中自然而富有互动的语言交流。这些输入不仅数量大,而且质量高,因为交流者往往会本能地调整语言复杂性,以适应儿童的理解能力。这种调整包括使用简单的句子结构和较慢的语速,从而使语言输入更容易被吸收和模仿。相比之下,成人学习者常在更正式的教育环境中学习第二语言,可能面临书面语料多于口语交流的情况,这种语言输入在量和交互性上可能不如儿童丰富。

(4) 情感过滤假说的解释

情感过滤假说由克拉申(Krashen)提出,它强调情感状态如焦虑、动机和自信心对第二语言学习的重要影响。根据这一假说,学习者的情感状态可以促进或阻碍语言输入的有效处理。具体来说,低焦虑水平、适度的动机和较强的自信心可以形成一个积极的学习环境,使学习者更容易吸收和应用新知识。这种理想的情感状态为学习者打开"情感过滤器",允许更多的语言输入进入认知系统被加工。相反,高焦虑水平可能阻碍信息的接收和处理,而动机不足或过度紧张则可能抑制学习动力和效率。

(5) 其他理论

除此之外,还有一些理论对关键期进行了解释。例如,文化适应理论认为,如果所学第二语言的社会文化与自身文化背景越接近,文化适应就越好,第二语言的学习效果也就越好;成熟理论认为,在不成熟的时候学习第二语言反而效果更好,因为学习更简单、集中;进化假说认为,伴随着语言的习得,语言学习能力逐渐丧失;等等。

4. 成人应该怎样利用第二语言学习关键期?

(1) 建立适宜的语言环境

对于儿童来说,比较好的交流是语速较慢、句型简单、具体形象的对话,这样儿童的学习效率会更高。成人可以充分利用周围的一些资源帮助儿童学习,例如和儿童一起阅读外语绘本,看电视的时候选择外语动画片,常常哼唱外语儿歌,甚至生活情境中遇到了什么新鲜的事物,也可以用外语来表达。总而言之,就是创造外语情境,培养儿童的语感。因为关键期的儿童基本处在具体形象思维阶段,对一些抽象概念还不理解,所以成人可以利用这一点,将知识形象化,从而促进儿童的第二语言学习。

为儿童建立适宜的第二语言环境

(2) 注重面对面的有效交流

"共同注意"对于早期儿童的语言学习有促进作用,而面对面的交流可以增加共同注意的机会。通俗来说,共同注意就是儿童与成人通过眼神交流共同注视第三方事物,知道彼此想说的是什么。在面对面的自然交流中,儿童需要去倾听,去积极表达,即使说错了也不用怕,可以及时纠正。即时反馈可以促进儿童学习,还可以增加与儿童的"共同注意",进而提高学习效率。

(3) 帮助儿童树立自信心,培养学习兴趣

根据情感过滤假说,在第二语言学习过程中,动机、自信心与焦虑水平至关重要。因此,可以通过设置合适的小目标,给予小红花等奖励,恰当地鼓励、表扬儿童,将第二语言学习和儿童感兴趣的活动(例如看动画片、玩游戏等)结合起来,培养儿童的学习兴趣,帮助儿童树立自信心,同时也不要操之过急,避免给儿童过大的压力,引发他们的焦虑情绪。

5. 学习第二语言的成人应怎样看待关键期?

(1) 认识到成人也能够学好外语

根据普遍语法假说,成人无法直接完全地利用普遍语法进行第二语言学习。但成人有抽象思维能力,可以通过抽象总结的方式来学习语法知识,从而可以代偿先天的普遍语法,同样可以获得较好的学习效果。成人有体系化的知识和丰富的经验,可以通过将新知识纳入已有

知识体系的方式更快地学习第二语言。因此，在学习第二语言时，成人可以将学习内容条理化、体系化，将零散的知识放入自己的"知识树"中。

(2) 培养良好的学习心态

根据情感过滤假说，成人在学习时，动机复杂，对自己学好第二语言信心不足，同时自尊心较强，对学习第二语言存在恐惧、焦虑的心理，这些因素都会影响成人学习第二语言的效果。心理学有关成就动机的研究表明，动机与学习或者工作效率之间的关系曲线呈倒 U 形，与过高和过低的动机水平相比，中等的动机水平下，学习效果更好（耶克斯-多德森定律）。因此，学习要有适中的动机水平，不要过于看重结果，急于求成。成人应主动调整自己的学习心态，设置一些通过努力可以达成的小目标，每次达成小目标时都可以看到自己的进步，从而增强自信心，也可以积极参加英语角等活动，主动开口交流，不要畏惧说错。

(3) 多学多用，形成习惯

在学习第二语言时，不要三天打鱼，两天晒网，要一直坚持学下去，形成一种习惯。如果一段时间不学习第二语言，相应的语言能力就会逐渐退化，出现语言磨蚀的情况。尤其是成人相对薄弱的听说方面，更要在日常生活中多加练习，特意制造第二语言语境，让第二语言学习生活化。现在的一些手机应用程序具有每日打卡、番茄钟等功能，就是通过自我或者他人监督，更好地形成习惯，成人可以有选择地使用这些功能，找到适合自己的学习方法。

广泛阅读：
快速掌握新词的秘诀

丁金丰

语言是人与人之间最重要的交流工具之一。通过语言，人们能够传递信息、表达情感，实现不同的目的。因此，语言能力的发展对于个体来说尤为重要。婴儿一出生就开始接受语言输入，不到1岁就可以牙牙学语，入学后接受系统的语言文字教育，成年之后语言能力基本稳定。但语言学习并无止境，因为语言会在使用过程中发生多种多样的变化，比如产生新词、新义。同时，个体可能因为自身发展产生新的需求，比如要开始学习一门新的语言。可以说，语言学习会伴随个体的毕生发展。

1. 阅读是一种非常有效的词汇学习方式

在语言学习中，词汇学习是非常重要的一环。不管学习母语还是外语，我们都需要积累大量的词汇。那么，怎么学习新词才能达到好的学习效果呢？一种非常有效的学习方式是语境学习，即通过阅读去学习新词。心理语言学研究发现，通过阅读文本，个体能够快速习得新词的意义。比如在"Due to excitement, the best man forgot the jatt."这一句子中，"jatt"是一个新词，但是我们可以通过句子前面的信息"伴郎因为过于兴奋而忘了带……",推测这个新词代表的是"戒指"。如何才能证明个体已经习得新词的意义了呢?研究一般会招募一定数量的大学生作为被试,让他们阅读含有新词的句子或语篇。被试完成阅读之后,研究者会对被试的学习效果进行测试。通常会先给被试呈现学习过的新词,一定时间之后再给被试呈现新词对应的概念,或者是无关词,然后让被试尽量又快又准确地判断第二次呈现的词语是真词还是假词,或者先后呈现的两个词是否存在语义相关性。结果发现,相比无关词,被试对新词对应的概念的判断更快,正确率更高。这些研究结果表明,阅读中的词汇学习是一个非常快速的过程。

通过阅读文本,儿童习得新词汇

2. 阅读之后将新词整合到语义网络中

然而，词汇的概念并不是孤立地存储在大脑中的，概念之间会通过各种各样的语义关系联结在一起，形成复杂而庞大的语义网络或概念系统。在这一网络系统中，类别关系和主题关系是两类非常重要的语义关系。类别关系是指两个概念因为具有相似的特征而关联在一起，特征可以包含形状、大小和颜色等，比如狗和猫就属于类别相关词，因为狗和猫都有四条腿，都有尾巴等。主题关系是指两个概念因为出现在同一事件或情境中而关联在一起，比如狗和骨头。想要深刻理解一个概念，就需要熟悉它所属的语义网络。那么在阅读中学习的新词能否与语义网络建立不同的语义关系，进而形成稳定的语义表征呢？

心理学研究对这一问题的回答是肯定的。比如让被试阅读一个语篇，描述"停电之后，小明点上蜡烛写作业"这样一个情境。其中，用一个假词（狙辉）代替语篇中的"蜡烛"这一词语。在阅读之后进行的测试中，设置与新词存在不同语义关系的目标词，考察被试对不同目标词的反应。结果发现，被试对"火炬"（类别相关词）和"火柴"（主题相关词）的反应明显快于对"相机"（无关词）的反应。但是对于"蛋糕"（主题相关词）的反应与对"相机"的反应没有显著差别。这表明被试阅读之后，能够在新词与语义网络之间建立类别关系和主题关系，但是所建立的主题关系仅限于阅读的情境（点蜡烛写作业），不能拓展到没有阅读的情境（过生日吹蜡烛）中。

3. 如何阅读才能实现更好的学习效果？

怎么才能让新词与语义网络形成更广泛的语义表征呢？研究者认为，语义网络中的主题关系可能是不同的事件或情境围绕一个核心概念相对独立地进行表征，因而需要激活涉及这一核心概念的几个情境之后才能广泛地激活相关的主题关系网络。为了验证这一假设，研究者给被试呈现同一个概念的不同情境，比如让被试阅读"点蜡烛写作业"和"过生日吹蜡烛"的情境，这样一来，新词能够与没有阅读的情境（教堂里点蜡烛）建立主题关系。同时，研究还发现，在阅读多个情境之后，新词还能够表征到更加精细的特征层面。谈到特征，一项研究发现，在阅读过程中，让被试通过概念的特征去推测新词的意义和直接告

生日蛋糕上的蜡烛

知被试新词所对应的概念,前者的学习效果会更好,新词能够建立精细的特征层面的表征。

4. 启示

以上这些研究结果启示我们,以后学习新词时不要单纯地翻出字典,机械地背诵单词的意义(当然这也是一种学习方式,相信很多人对"abandon"这个单词记忆犹新),而要通过阅读并且是广泛的阅读去学习新词的意义。当然,阅读的目的不仅限于学习词汇,更是对思想的洗礼。今天,你阅读了吗?

音乐训练：
不只提升语言能力

张 磊

动画电影《寻梦环游记》为人们带来了一股温暖的音乐力量，在这部关于爱、亲情和音乐的电影中，音乐所承载的那些记忆是永远不会被磨灭的。

音乐所带来的和谐的美感天然地吸引着我们。除了给我们带来美好的感受之外，音乐还对我们的认知能力的提升有所帮助。Rauscher等早在1993年发表于《自然》杂志的文章中就报告了著名的"莫扎特效应"，即在聆听莫扎特 K.448 号乐曲《D 大调双钢琴奏鸣曲》10 分钟之后，听众的空间推理能力得到了显著提高（也就是智商在一定程度上得到了提高）。但是，后续的研究显示"莫扎特效应"其实是非常短暂且不稳定的，并且也不限于莫扎特的某个音乐曲目，而是得益于莫扎特轻快、明亮的音乐风格。

如果不仅仅是听音乐，而是参与到音乐训练中，也就是进行器乐或声乐的训练、演奏，这会对人的认知能力和大脑产生怎样的影响呢？事实上，音乐训练已经被众多研究证明能够促进多种认知能力的提升，比如执行能力、阅读能力、言语加工能力等的提升。科学家好奇的是，为什么音乐训练能带来这么多益处？

中国科学院心理研究所的杜忆研究员团队于 2017 年在《美国国家科学院院刊》(*Proceedings of the National Academy of Sciences of the United States of America*)上发表了一篇文章,文中揭示了音乐训练是如何提高人在噪声环境中的言语感知和识别能力的。

1. 吃啥补啥,练哪强哪?

相信大家都被灌输过"吃啥补啥"的观念,虽然这种观念明显缺乏科学性,但是"练哪强哪"是确实有科学依据的。不过,手臂越练越有力量,这不是太显而易见了吗?

我们的高级认知功能不像肌肉力量这么简单,比如这里我们所说的言语感知能力,特别是噪声干扰下的言语感知能力,涉及不同的认知过程和多个脑区的协同工作。20 世纪,科学家 D. O. 赫布(D. O. Hebb)就提出了"突触可塑性"这一概念,即两个神经元之间不断地产生联系会使得它们之间的突触传递效率变高。简单来讲,就有点练哪强哪的意思了。所以,音乐训练所涉及的大量精细的动作控制与听音的训练也在悄悄地塑造着我们的大脑,特别是负责处理运动和听觉加工的脑区的结构与功能。由于音乐和言语共享听觉-运动神经环路,音乐训练促成的大脑可塑性变化就可能迁移到对言语的加工中。

2. 音乐家的大脑如何在噪声干扰下加工言语?

一项实验招募了平均年龄 22 岁的音乐家(这些音乐家的训练起始

年龄不超过 7 岁,训练总时长超过 10 年,每周训练时间超过 3 小时)和非音乐家各 15 名,控制了两组人的其他人口学特征、听力和一些关键的认知能力(比如听觉工作记忆)。实验通过功能磁共振成像技术采集了两组人在不同背景噪声强度下进行音节辨认时的脑血氧饱和度(即激活水平)的变化。结果发现,在噪声干扰下而非安静环境中,音乐家比非音乐家具有更强的音节辨认能力,并且音乐家和非音乐家在辨认音节时,大脑的激活模式是不一样的,音乐家在布罗卡区等左侧额叶言语运动脑区(负责加工言语)和右侧颞上回和颞中回等听觉脑区(负责加工声音)表现出了更强的激活程度,而且这两个脑区的激活程度与音乐家的音节辨认成绩呈正相关。

不仅仅是相关脑区激活程度更强,音乐训练还使得人们对于不同

儿童学习弹钢琴

音位的特异性编码和区分变得更加精细了。通过使用一种叫作多体素模式分析的机器学习算法对磁共振数据进行分析,研究者发现,与非音乐家相比,音乐家在双侧额叶言语运动区和颞叶听觉区对不同音位特征(构成音节的要素)的神经反应模式表现出更强的区分度,并且随着噪声强度的增大,左侧言语运动区对音乐家成绩提高的贡献程度相比听觉区也变得更大。

此外,功能连接分析发现,相对于非音乐家,音乐家的双侧听觉区与同侧或对侧言语运动区的功能连接更强,听觉区和言语运动区之间的功能连接越强,越有助于正向预测人的音节辨认成绩。

3. 这项研究告诉了我们什么?

这项研究提示,音乐训练可能会加强我们对言语的听觉编码、运动编码和听觉-运动系统间的跨通道信息整合等能力,这三者根据听音难度的动态变化以不同的权重共同促进我们在噪声环境中的言语感知能力。简单来说,音乐训练强化了我们大脑中负责"听"的脑区和负责"说"的脑区,并且加强了这些脑区之间的信息交互和整合,这些改变使得我们在嘈杂环境中能够更好地识别他人的言语。据研究者所言,这项研究的意义还在于提示了音乐训练在提升老年群体、听力和言语障碍人群的言语感知能力上可能具有巨大的应用前景。

4. 音乐训练,不必人人都成为音乐家

如今对于儿童来说,音乐的魅力似乎有了一些变质。随着"素质教

育"意识的提升,每到周末,很多儿童奔波于一个又一个乐器(钢琴、小提琴、中提琴、大提琴、单簧管、双簧管、低音管、萨克斯等,种类繁多)培训班。

俗话说,凡事过犹不及。虽然研究显示,音乐训练可以改变我们大脑诸多的结构和功能,甚至能延缓大脑衰老,但最近的一项研究显示,音乐训练并非越多越好。在这项研究中,国外学者用磁共振成像技术检测了不同训练程度的音乐家和音乐爱好者的大脑结构,并用机器学习算法计算出了他们的大脑年龄。结果发现,音乐爱好者的"脑龄"甚至比音乐家更加小。所以,拥有一项音乐技能,仅仅将其作为一项业余爱好就会让我们的大脑更加年轻,关于这一点,笔者在与老年音乐爱好者的接触中深有感触。

音乐训练可以改变我们大脑诸多的结构和功能

破解阅读障碍之谜：
为什么他会看到文字在"跳舞"？

古禅媛　杨　炀　毕鸿燕

电影《地球上的星星》(Taare Zameen Par)中有一个有意思的片段。影片中的小男孩叫伊桑(Ishaan)，在他人眼中，伊桑除了比较淘气外，与其他人并无差别。一天，当老师让伊桑在课堂上念英文句子时，他支支吾吾了半天也无法念出一个单词，最后战战兢兢地说："文字在跳舞。"这个回答换来了同学们的嘲笑、老师的不解与愤怒。大家都认为，这又是伊桑在故意捣乱。但实际上，伊桑并没有说谎，他确实看到了"文字在跳舞"。

1. "生病"了？

实际上，影片中的伊桑患有一种特殊疾病——阅读障碍，在识别和阅读文字方面存在困难。临床上，阅读障碍分为获得性阅读障碍和发展性阅读障碍。发展性阅读障碍是一种起源于神经生物学的学习障碍，通常表现为在准确或流畅地识别词汇方面低于正常水平，以及拼写和解码词汇的能力较差。尽管发展性阅读障碍患者拥有正常的智力和充足的受教育机会，也没有可见的器质性损伤和视听缺陷，但其阅读成绩显著差于同龄人。

有时候，阅读障碍儿童也不知道自己为什么不会读和写，但他们可能会采用一些方式逃避这个问题。比如影片中的伊桑在遇到读写任务时就会表现得很调皮，所以在身边人看来，他不过是一个又笨又淘气的孩子。但这会给他的成长带来更大的伤害，比如，更差的学业成绩、糟糕的师生关系和同学关系等。同时，因为在阅读上受挫，阅读障碍儿童的自尊心也会受到影响，有些阅读障碍儿童甚至会出现轻度乃至中度的抑郁。

阅读障碍儿童具体会有什么表现呢？经常写错字、混淆音近或形近的字、学习偏旁部首困难、阅读时多读或漏读字、阅读时读错行或漏行、阅读和抄写的速度都很慢、听写成绩很差、书写时难以掌握文字的空间距离、完成读写作业容易疲劳等，都是他们的日常表现。

阅读障碍儿童为完成作业而苦恼

说到这儿,可能有人已经联想到自己身边的一些人,那阅读障碍的发病率有多高呢?研究发现,在国外,阅读障碍发病率为5%～18%。在国内,使用两种筛查方法估算的阅读障碍发病率分别为4.55%和7.96%。在如今的电子信息时代,我国的阅读障碍发病率有大幅度上升的趋势。近期一项大样本调查发现,在一些地区,汉语阅读障碍儿童的比例甚至超过了30%。可以说,阅读障碍已经成为危害我国儿童健康成长的一块巨大"绊脚石"。

2. 为什么会"生病"?

正如感冒发热有多种多样的原因一样,阅读障碍也被认为可能是由多方面的缺陷引起的。

(1) 语音加工缺陷

有些阅读障碍儿童加工语音的能力比较差,在语音的表征、存储、提取上存在困难,所以他们无法像多数儿童一样正常阅读。例如,有些儿童无法辨别音节/ba/和/ga/,或者在"bait"和"gait"的押韵判断任务中表现很差,或者不能辨别汉语的声母、韵母以及声调。当基础的语音加工存在问题时,匹配字形与语音等更难的任务又如何能完成?目前,大量研究表明语音加工缺陷是阅读障碍的核心缺陷。

(2) 视觉大细胞通路缺陷

有些阅读障碍儿童在阅读或书写时会用相似的字母或词语替代看到的字母或词语,比如用"b"代替"d",这类缺陷被认为可能与视觉加工不足有关。Livingstone等人提出了视觉大细胞通路缺陷理论，认为视觉大细胞通路的损伤可能是阅读障碍的形成原因。大细胞通路是视觉系统的通路之一，由于该通路的视觉信息在大脑皮层上沿着背侧通路投射至大脑皮层的视觉运动区、后顶叶皮层等，所以又被称作"大细胞-背侧通路"。

汉字是一个独立的文字系统，在字形构造方面较为复杂，对视觉加工技能要求非常高。另外，汉字没有明确的形-音对应规则，无法像拼音文字一样进行拼读。因此，视觉加工方面的研究对汉语阅读障碍的诊断与矫治尤为重要。有研究通过检查光栅运动方向辨别能力和一致性运动敏感性来考察汉语阅读障碍儿童的视觉运动加工能力，从行为和神经机制上一致地揭示了阅读障碍儿童的视觉辨别能力或视觉敏感度比正常儿童更差，这表明汉语阅读障碍儿童的视觉大细胞通路存在缺陷可能是导致他们阅读困难的原因。

(3) 小脑缺陷

此外，还有一种假设认为，阅读障碍儿童的小脑功能失调导致了他们自动化加工能力或运动能力不足，进而影响了他们的形-音对应或书写能力，最终导致他们阅读能力低下。正常阅读者在阅读时，看到字的字形会很快想到与之匹配的字音，而且这种能力最后会达到自动化的水平，但是小脑有缺陷的阅读障碍儿童不具备这种能力。书写是汉字习得的特有方式，在小学早期阶段，文字的习得很多时候是通过重复书写实现的，而小脑也是书写能力的重要神经基础。汉语阅读障碍的有关研究也发现，阅读障碍儿童的小脑左侧在功能与结构上存在异常。

以上只介绍了阅读障碍的部分形成原因,还有其他原因,比如快速听觉加工缺陷(对快速呈现的听觉信息的感知和辨别能力差)、正字法加工缺陷(无法理解字的形成规则,难以区分真字和假字)、语素加工缺陷(例如无法理解"红花"里的"红"是什么意思)以及快速命名加工缺陷(快速而准确地命名熟悉项目如图片或数字的能力差)等。因此,在理解阅读障碍的成因上,我们需要从更多元的角度出发,进行研究和分析。

3. 如何诊断阅读障碍?

在不同的国家,诊断阅读障碍的方法存在一定的差别。比如,在美

阅读障碍尚无统一的诊断标准

国,一般会采用伍德科克-约翰逊成就测验(Woodcock-Johnson Tests of Achievement)中的单词识别测验考察儿童的阅读水平,当儿童的成绩低于或等于百分位数 30 或 25,且采用其他测验排除了智力、注意力以及视听器质性等方面的缺陷后,便认为儿童患有阅读障碍。除此之外,一般还会考察与家庭、学校有关的信息,比如家族中是否有阅读障碍患者、老师对该儿童的阅读成绩评定等。

国内目前尚无统一的诊断标准,多数诊断采用识字量测验、智力测验、注意力测验等方法。首先,在识字量测验中,当儿童的识字量成绩低于同年级儿童 2 个年级或 1.5 个标准差时,该儿童被认为患有阅读障碍。其次,通过智力测验、注意力测验、视听测验等排除其他因素的影响。但国内的诊断对于阅读障碍患者的其他信息了解甚少,比如家庭情况和学校情况,这一点可能与阅读障碍相关知识的普及不足有关。

在国内,不同研究会采用不同的识字量测验方法,因此,诊断标准可能会有差异。比如,在确定当前年级儿童预期的词汇成绩时,有两种方法:第一种是 Stevenson 准则,即当前年级 75% 的项目数加上之前年级的所有项目数;第二种是国内常用的过级准则,即当前年级 60% 的项目数加上之前年级的所有项目数。

4. 对症下药,循序渐进

一名儿童被诊断出患有阅读障碍,是否就意味着他没有一个美好的未来呢? 当然不是。许多世界名人,比如达·芬奇、爱迪生、爱因斯坦、丘吉尔等，都患有阅读障碍，但这丝毫不影响他们成为改变世界的人。当然，如果对阅读障碍不管不顾，任其随意发展，肯定是不行的。那么，什么样的训练可以提升阅读障碍患者的阅读能力呢？

(1) 语音加工训练

语音加工训练主要帮助阅读障碍儿童提高其对文字语音的分辨与感知能力，常用的任务有音位删除（比如删除"yang"中的"g"后，新的拼音如何读）、音位替代（比如用"ing"替代"tang"中的"ang"，新的拼音如何读）以及音位计数（比如"liang"中有几个音位）等。此外，还有与游戏结合的语音训练，比如手机上的 GraphoGame 游戏、2kids 学拼音等。在此简单介绍一下 GraphoGame 游戏，该游戏设置了学习阶段、游戏阶段、反馈阶段和强化阶段，每个阶段的任务各不相同。比如，在学习阶段，儿童主要完成拼音和读音之间的配对联想学习；在游戏阶段，儿童会从耳机中听到一个音节，然后从屏幕呈现的 2~7 个拼音中选出与之相匹配的一个，这个阶段设置了许多游戏，诸如爬楼梯、射击、打气球等。

(2) 听觉加工训练

通过听觉加工训练，阅读障碍儿童对声音的感知能力会得到提升，这种提升可能还会迁移到其他方面，比如语音意识。有研究发现，采用声调持续时间辨别的训练不仅可以提高汉语阅读障碍儿童对非言语材料的听觉加工能力，而且训练效应还会迁移到语音意识、阅读流畅性和词汇识别等方面。另外，采用声音模式辨别的训练可以有效提高儿童对声音节奏的感知能力。有研究者将 3~5 个声音组成一个有规律的模式，然后给儿童播放一系列声音，让儿童选择符合规律的声音模式。

(3) 视觉加工训练

无论什么语言,阅读的第一步都需要准确、快速地对字形进行加工。所以,视觉加工训练在国内外都受到了较高的重视。中国科学院心理研究所毕鸿燕研究团队发现,汉语阅读障碍儿童经过 2 周的视觉加工训练后,阅读相关技能得到了明显提升,这为汉语阅读障碍儿童的矫治工作指明了一条途径。常用的视觉加工训练方法有如下七种。

一致性运动:一个点阵中的点随机运动,另一个点阵中的一部分点一致水平运动,找出有运动方向的点阵。

视觉搜索:呈现 100 个随机排列的数字(0~9),又快又准地从中依次找出所有的 0,1,2,3,…,9,并画圈标记。

视觉动态追踪:注视动画中的运动物体,视线追踪其运动方向,并定位其最后的位置。

视觉静态追踪之连线:追踪线条轨迹,并定位物体的位置。

视觉静态追踪之迷宫:寻找迷宫从起点到终点的轨迹,并画出来。

抛接球:重复抛球和接球。

光栅运动方向辨别:中心是由正弦光栅组成的小鱼,小鱼向左或向右移动,判断小鱼朝哪个方向运动。

(4) 家庭干预

除了学校教育,家庭教育也是儿童成长中很重要的一个环境影响因素,而且家庭教育早于学校教育。有追踪研究发现,无论儿童学前期的语音能力如何,在亲子活动比较多的家庭,儿童在小学三年级时的阅读成绩基本正常;而在亲子活动少的家庭,如果儿童早期语音能力落后,那么儿童在小学三年级时的阅读成绩也会落后。可见,家庭亲子活动对儿童阅读能力的发展是很重要的。

　　首先,作为儿童的阅读启蒙者,家长可以选择儿童感兴趣的书籍,带领儿童阅读。其次,通过领读,家长可以较早发现儿童可能存在的不良阅读习惯,并及时给予纠正。在这个过程中,有些家长可能会认为儿童此时的表现会随着年龄的增长而有所改善,其实不全然,儿童的表现异于同龄儿童总是有原因的,在没找到原因前,家长一定不能轻视"警钟"。最后,陪同儿童阅读时,家长还可以注重培养儿童的阅读相关技能,比如口语表达能力、理解能力等。

　　《地球上的星星》中的伊桑是幸运的,他碰到了拉姆·尚卡尔·尼

户外亲子活动

库姆（Ram Shankar Nikumbh）老师。通过尼库姆的各种努力，大家终于意识到伊桑是"偏离"正常儿童发展的一颗"星星"。在尼库姆的帮助下，伊桑的绘画天赋被发现了，并且在比赛中得到了大家的认可与赞赏。

相对于拼音文字而言，汉语阅读障碍的研究起步较晚，对于文字为何会"跳舞"以及如何让"舞蹈"停下来，还有很多未解的谜。所以，广大的科研工作者、老师、家长乃至我们整个社会都需要提高对阅读障碍的认识，学习如何帮助阅读障碍儿童重回健康成长之路。

相信在大家的共同努力下，终有一天，现实也会如电影般圆满。

语言习得
language acquisition

人类天生不具备说某种语言的能力,而是具备说任何一种语言的能力。

—— 诺姆·乔姆斯基
Noam Chomsky

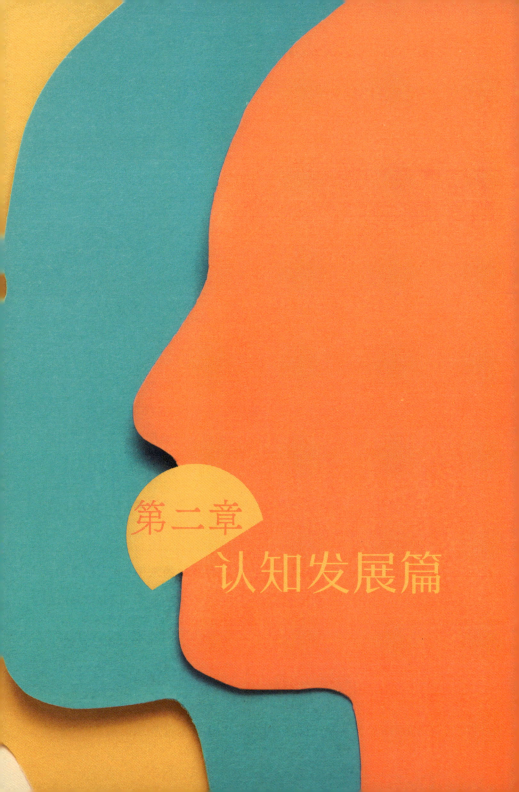

第二章
认知发展篇

交际意图：
儿童听得懂"言外之意"吗？

魏　填　何雅吉　高攀科　李晓庆

我们经常听到身边的家长说："大人说的话其实小孩子心里都懂。"但是，有时候我们也会听到家长说："没关系，反正小孩子也听不懂。"儿童究竟能不能听懂话语中的"言外之意"呢？我们先从意图说起。

1. 什么是意图？

意图是人的心理动力系统的重要组成部分，直接驱动有目标的行为。根据目标的性质，个体能够表现出两种不同类型的意图：私人意图和交际意图。

私人意图是为了满足一个人的特定目标，只涉及单个人的活动（如一个人用手拿起杯子喝水）。

交际意图指一个人向其他人传达某种意义的意图，且这种意图能够被对方所识别，包含两个或多个人的社会互动（如一位顾客让餐厅服务员送一份甜点）。

2. 儿童交际意图理解能力的发展

早在18个月大时，儿童对他人的交际意图就表现出敏感性，能够依据不同类型的非语言线索(如手势等)理解人际互动中的交际意图。随着年龄的增长,儿童理解说话者交际意图的能力也随之提升。

具体而言,处于语言习得阶段的婴幼儿(12~24个月)能够理解说话者的面部表情、手势或韵律(如说话者的语调)等信息传达的交际意图。即使在控制词汇信息后,如使用不熟悉的语言或不同条件下使用相同的语言信息,儿童依然能理解说话者的交际意图。4岁儿童能够依据语境信息区分不同的意图类型,8岁儿童则能更加灵活地使用不同线索完成对多种交际意图(如警告、怀疑、反讽等)的准确识别。

3. 儿童交际意图理解能力发展的重要意义

(1) 有助于儿童语言的习得

儿童学习语言是一种交互行为,需要一系列与他人互动的能力,获得这种能力的前提就是能够理解他人所传达的意图。

(2) 有助于儿童社会化能力的发展

儿童在交际意图理解中能够学会预知他人的想法,选择正确的应对策略,以便更好地与他人进行交往。

(3) 有助于儿童心理理论能力的发展

心理理论(theory of mind,TOM)能力是指个体理解他人的心理活动(愿望、信念、意图等)并由此预测他人行为的能力,儿童意图理解能力的提升往往伴随着心理理论能力的发展。

4. 儿童交际意图理解的神经机制

通过推测他人意图,个体能够快速理解和预测他人行为。一直以来,这种理解他人意图的能力与心理理论能力紧密相关,并且两者在神经机制上有许多相似之处。它们都会激活特定脑区,包括内侧前额叶皮质、楔前叶、双侧颞后上沟和颞顶联合区,这些脑区被称为意图加工网络。当个体理解私人意图时,其大脑楔前叶、右侧颞顶联合区、双侧颞后上沟被激活,而个体在理解交际意图时,其意图加工网络的四个脑区同时被激活。

实证研究发现,成人与儿童在交际意图理解上存在神经模式上的

儿童和妈妈一起画画,在互动中尝试理解妈妈的意图

差异。研究者让参与实验的成人和儿童在对话环境中观看卡通画,同时听一个以具有讽刺或真诚意味的评论结尾的短篇故事,之后成人和儿童需要判断该故事是讽刺的还是真诚的。结果发现,在理解讽刺意图时,成人和儿童大脑中被激活的区域是相似的,即内侧前额叶和枕叶皮质等。但是相比之下,儿童的左额下回和内侧前额叶激活更强,而成人的枕颞后部激活更强。儿童前额叶区域的激活更强可能是因为他们需要整合多个线索,以调和讽刺性话语的字面意义和实际意义之间的差异。但是随着年龄的增长,这种调和依赖的脑区从额叶区域逐渐转移到枕颞后部区域,激活脑区的转移可能反映了人们对交际意图的推理逐渐自动化的过程。

除了大脑激活区域上的不同,成人与儿童在脑区激活量上也存在差异。Kobayashi 等(2007)采用故事版本和卡通画版本的心理理论任务探索了成人(18~39 岁)和儿童(8~11.5 岁)在推测他人心理状态时的脑区激活差异。结果发现,与成人相比,儿童的右侧颞上回、右侧颞极、楔部和右侧腹内侧前额叶的激活更强。这种在脑区激活总量上的增加可能反映了儿童在推测他人心理状态时需要付出更大的认知努力,进一步佐证了儿童对他人心理活动的理解是非自动化的这一观点。与此同时,研究还发现成人的双侧颞顶联合区在故事版本的任务中表现出更强的激活,而儿童的双侧颞顶联合区在卡通画版本的任务中表现出更强的激活,这表明相比于成人,儿童对他人心理状态的理解更依赖于视觉信息而非语言文字信息,这可能受到了语言发展水平的限制。

5. 影响儿童理解话语交际意图的因素

与其他类型的意图(例如,私人意图)形成对比的是,交际意图有三个典型特征:第一,它总是发生在与他人的社交互动中;第二,它是一种公开的态度;第三,它的实现需要意图理解者的认可。因此,一个成功的交际意图理解过程对意图表达者和意图理解者均提出了要求。

(1) 意图表达者

从意图表达者的角度来说,其所表达的内容会直接影响儿童对意图的理解。例如,研究发现,儿童在加工采用反语恭维(即以消极的话语来表达积极的情感)他人的语句方面比加工采用反语批评(即以积极的话语来表达消极的情感)他人的语句方面更困难。究其原因,在日常生活中,人们更习惯用反语批评他人而不是恭维他人。除了表达内容的使用频率,内容的复杂程度也会影响儿童的意图理解。儿童在7~8岁时就可以很好地理解较简单的主语强调句和主动句了,而对更为复杂的句型的理解,如对宾语强调句和被动句的理解,则需要儿童在更大年龄(如9~10岁)时才能实现。

除了语言内容之外,意图表达者交流时的手势和语音语调(韵律)等线索也会影响儿童对意图的理解。例如,Esteve-Gibert 和 Prieto (2016)通过让看护者采用语言和手势表达三种意图(对指定的杯子感兴趣、拿起指定的杯子和查看杯子内藏着的东西),以检验 12 个月大的婴儿能否理解这三种意图。结果发现,12 个月大的婴儿就能够对看护者的请求、分享等行为做出反应,并且还可以推断出看护者不同的语用意图。韵律信息在婴儿对意图的理解方面发挥着重要作用,而且,儿童的年龄越大对其运用就越为熟练。具体而言,研究者采用儿童和成人向他人打招呼的特有表达(见下方例子),并用成人和儿童的语音语调分别录制音频,形成四种类型的音频(成人表达和成人韵律、成人表达和儿童韵律、儿童表达和儿童韵律、儿童表达和成人韵律)。儿童在听这些音频的同时判断打招呼的人是成人还是儿童。结果发现,当韵律和表达线索不一致时,7~10岁的儿童能够根据韵律做出判断,而5~6岁的儿童无法完成判断,后者的正确率处于随机水平。

成人表达:"Excuse me. Can you tell me your name?"

儿童表达:"Aww! I wonder what your name is!"

(2) 意图理解者

意图理解者本身的发展也会影响意图理解的成功与否。从"硬件"上说,心理理论能力的发展是交际意图理解的基石,其发展的程度也与儿童的交际意图理解能力息息相关。比如,研究发现,只有7岁以上的儿童才能胜任反语理解任务,因为这时他们才拥有二阶心理理论的能力,相关形象解释如图2-1所示。对心理理论能力发展受限人群的研究也佐证了心理理论能力对于意图理解的重要性。例如,Kelly等(2019)发现,相比于正常儿童,听力受损的儿童辨别谎言与错误陈述的能力更差。孤独症谱系障碍患儿面临着相似的问题,并且更难利用韵律信息来理解表达者的意图。

在"软件"方面,儿童的语言能力也会影响他们对交际意图的理解。

```
A：这题我知道。
B对A说：我知道你知道。
C对B说：我知道你知道A知道。  ← 二阶心理理论
D：……（无限套娃）
```

图 2-1　二阶心理理论示例

拥有更大词汇量的儿童能够更快、更准确地进行句子理解，这在童年早期可以促进心理理论能力的获得。有研究者为了揭示认知的哪些方面有助于反语理解，对儿童的各种技能进行了探索，包括心理理论能力、语言能力、数字记忆能力、韵律调和能力等。结果发现，即使在控制了年龄、韵律和心理理论能力之后，语言能力也在很大程度上有助于儿童对反语的理解。

妈妈张开手臂，儿童主动跑过来拥抱

(3) 语境

上下文语境对于句子理解有着引导作用,因此对于当前表达者意图的理解受到语境的制约。比如当有人说"你的画真好看"时,如果是在一个积极的语境下,其意图当然是对听者作品的称赞;但是当听者的作品其实很糟时,这句话则具有"讽刺"之意。有实证研究对这种关系进行了验证。研究者让被试听一段内容积极或消极的语音。

积极语境:你申请了一份工作并且应聘成功。你回到家并告诉了你的室友这个好消息。你的室友说……

消极语境:你和你的室友申请同一份工作并且你应聘成功。你的室友说……

在短暂的间隔后,被试会听到用真挚或讽刺语调读出的陈述(如"你真聪明"或"工作干得不错")。结果发现,当语境与之后的语调不匹配时,听者对于感情色彩的评分更加中性,反应的时间也更长。类似地,在有关阅读的研究中,当听者处于带有强烈负性感情色彩的语境时,反语陈述的阅读速度显著慢于字面语陈述;但是当语境的负性感情色彩较弱时,反语陈述的阅读速度会等同于甚至会快于字面语陈述。这说明语境负性感情色彩的强弱影响了反语的认知加工速度。

以上就是一些关于儿童对交际意图理解的小知识,大家是否对儿童有了更多的了解呢?

心理动机探析：
儿童为什么做出友善行为？

宗语飞　张　真

人们在日常生活中会做出各种各样充满善意的行为：在公交车上给行动不便的老人让座，安慰不开心的朋友，为深陷困境的人捐款、捐物……这些行为往往会伴随着"友好""善良"的积极评价，受到大家的赞扬。这类对他人、群体和社会有益的行为被称为亲社会行为。其实，亲社会行为在个体发展早期就已经表现出来：大多数儿童从人生的第二年开始就表现出帮助、分享、安慰等常见的亲社会行为。

1. 儿童有哪些亲社会行为？

儿童有许多的亲社会行为，具体来说，14～18个月大的儿童会伸手帮别人去拿旁边的东西，或者帮别人移开障碍物。这个阶段的儿童还会帮助父母做力所能及的家务，比如，研究者观察发现，65%的18个月大的儿童愿意帮助父母做家务，如整理杂志、叠衣服、扫地等。到了2岁左右，儿童开始与别人分享玩具和食物。他们会跟自己的父母甚至跟陌生人分享身边的东西，还会通过向他人展示东西、将东西给他人，或者让他人和自己一起玩某个玩具等不同的方式来进行分享。同样在2岁左右，儿童开始通过安慰他人来帮助他人减轻痛苦，他们不仅会对他人难过的情绪表现出哭泣的反应,还会拥抱或轻轻拍打对方。

随着儿童年龄的增长,他们的亲社会行为变得更加复杂。例如,3 岁儿童对那些曾经与自己分享过玩具的同伴更加慷慨;4 岁儿童会分享更多资源给潜在的回报者;从 5 岁开始,儿童在有同伴在场的情况下,会表现得更加慷慨。

2. 儿童亲社会行为背后的常见动机

那么,儿童为什么会表现出上述复杂多样的亲社会行为,其背后的动机有哪些呢?让我们一起来看一看儿童亲社会行为背后的常见动机。

儿童给同伴分享玩具

(1) 移情

当我们看到其他人难过时,自己也会感同身受,变得难过起来,这就是移情。移情是指对他人情绪的察觉而引发自己情绪唤醒的一种情绪体验。最早期的亲社会行为通常是由这种情绪体验驱动的。

新生儿时期的儿童在听到别的小朋友哭泣时,自己也会跟着哭,这就是移情的体现。随着儿童年龄的增长,他们更容易觉察他人的情绪和心理状态,并对他人情绪的产生原因进行正确推理,从而更容易产生移情,并且实施亲社会行为。14 个月大的儿童会关心他人的情感体验,会通过帮助、安慰等行为试图去减轻他人的痛苦。比如,当成人表现得特别冷、瑟瑟发抖时,2~3 岁的儿童会将毯子递给成人。对 2~4 岁儿童的研究发现,当他人因撞疼膝盖或因心爱的玩具被损坏而痛苦时,儿童对后者表现出更多的安慰行为。研究者认为这可能是因为儿童对心爱的玩具被损坏更加感同身受,所以更容易受移情的驱动而做出亲社会行为。可见,当儿童更能够理解他人的感受时,会做出更多的亲社会行为。

(2) 内疚

内疚情绪会让做错事的儿童做出补偿行为,从而修复可能受损的关系。研究发现,儿童从 3 岁起会由于内疚而做出亲社会行为,具体表现为当他们不小心碰坏了别人搭好的玩具时,会做出帮助他人重新拼搭玩具的修复行为;3~5 岁的儿童会因为内疚情绪而在游戏中做出更多的分享行为。总之,内疚会促使儿童表现出更多的帮助、合作和分享等行为,促进亲社会行为的表达。

(3) 互惠返还

互惠是指这样一种现象：你帮助我，我帮助你，我们在互相帮助中达到共赢。学龄前儿童互惠行为的典型表现模式是：你之前怎么对我，我之后就怎么对你。

有研究发现，相比之前没有与他们分享过的同伴，3岁儿童会给以前与他们分享过的同伴更多资源。而且，3岁儿童在同伴有意与自己分享时，随后表现得对同伴更加慷慨；但如果同伴只是无意中让自己得到好处，儿童后续就不会与同伴分享较多资源。这说明儿童在互惠返还时不仅关注自己是否得到了好处，而且看重他人是否是有意让自己得到该好处的。

(4) 互惠期待

互惠期待是互惠行为的另外一种表现模式，是指我先对你好，是为了你以后能对我好。

儿童也会为了引发同伴之后的回报行为而先对同伴示好。研究者发现，4岁儿童会将更多资源分享给将来可能回报自己的、富有的同伴；当5岁儿童知道同伴之后有机会和自己分享时，就会先对同伴表现出慷慨。这说明对今后获得回报的预期，会影响儿童当下的分享行为，他们会利用自己当下的资源努力获得未来更大的收益。

(5) 声誉

声誉是指他人持有的对特定个体的看法，体现了一种社会评价。不仅是成人，儿童也会关心自己在他人那里的声誉。研究表明，5岁儿童已经具备对声誉的敏感性,并且可能会为了得到良好的声誉而做出亲社会行为。例如,当有同伴注视自己时,儿童会更多地进行分享。甚至观察者的身份也会影响 5 岁儿童的慷慨程度,当 5 岁儿童被内群体成员或那些之后有机会与他们分享资源的人注视时,他们会表现得更加慷慨。这些发现说明 5 岁儿童会通过进行分享这种亲社会行为来为自己建立良好的声誉,特别是会在那些和自己有后续交往的个体面前建立良好的声誉。

(6) 社会关系的影响

随着年龄的增长,儿童的亲社会行为变得更加具有选择性,受自己和对方之间的社会关系的影响。3.5 岁的儿童在自己的兄弟姐妹和陌生人之间分贝壳时,分给自己的兄弟姐妹的贝壳会更多。另外,在分享时儿童也会对自己的朋友有偏爱,与陌生人和熟悉的同伴分享时,3.5~6 岁的儿童分享给同伴的更多。同时,儿童从 4 岁起也开始认为,相比自己不喜欢的同伴,人们应该更多地和自己喜欢的同伴分享。可见,儿童和对方关系的亲密程度,会影响儿童的亲社会程度。

3. 如何促进儿童亲社会行为的表达

了解儿童亲社会行为背后的动机,可以帮助我们促进儿童亲社会行为的表达。结合上述动机,家长和老师在日常生活中可以试试这样做:

通过阅读绘本、和儿童进行角色扮演等活动,培养儿童的情感理解能力和移情能力,促使儿童自发做出亲社会行为。

和儿童交流他们之前做出的亲社会行为带来的积极影响,或者帮助儿童思考亲社会行为可能带来的积极影响,内化他们对互惠规范的认知,启发他们做出亲社会行为。

已有研究发现,如果儿童之前自己选择做出分享、帮助等亲社会行为,他们之后还会继续这样做;反之,如果成人要求儿童这样做,儿童之后的分享、帮助等亲社会行为就会减少。因此,在日常生活中鼓励儿童自主选择做出亲社会行为,帮助儿童形成"我是一个爱分享、爱助人的孩子"的自我概念,有助于儿童今后更多地做出相应的亲社会行为。

需要注意的是,用物质奖励引发儿童做出亲社会行为(比如成人告诉儿童"你把糖果分享给小朋友,我就给你买冰激凌")后,一旦之后没有物质奖励,儿童的亲社会行为将远远少于那些未被物质奖励诱发过亲社会行为的儿童。因此,在促进儿童亲社会行为的表达时要慎用物质奖励。

孩子总是不自觉？
别责怪孩子，先反思自己！

孟广腾　刘　勋

　　每个家长都希望自己的孩子能够自觉，上课好好学习、认真听讲，放学一回到家就去写作业，每次看电视、玩平板电脑的时间不超过半个小时，早上按时起床洗漱、吃早餐……天底下真有这么自觉的好孩子吗？这种自觉究竟是天生的，还是后天形成的？别人家的孩子到底是怎么教育的？

儿童自觉写作业

1. 什么是认知控制？

在日常生活中，我们都在以一种有目标的方式与外界相互作用：想吃东西，可以选择饭馆、食堂、外卖或自己做饭，最终填饱肚子；想从家里出发去学校或单位，可以开车、打车、乘坐公交或地铁、骑车、步行，最终到达目的地；想在学习上有所收获，就要好好学习、勤奋努力，最终取得理想的成绩。

我们在生活中面对大大小小、各种各样的问题和挑战，都是这样通过形成行为计划，依据过去的经验做出适合当前环境的行为，从而完成这些目标的。而在这一切复杂而高级的目标导向行为的背后，最核心的要素就是认知控制。

认知控制，也被称为执行功能，是指我们能够利用自身的感知经验、知识和目标，在多种可能的想法和行为中进行选择的过程。也就是说，别人家的孩子之所以自觉，可能是因为其认知控制能力足够强，对自己的想法有更好的执行能力，能够抵制住一些外在的诱惑。

认知控制能力发展有五个维度，分别为选择性注意、冲突加工、工作记忆、认知灵活性和抑制控制。这五个维度也有其各自常用的测量范式。选择性注意可通过视觉搜索范式等测量，即请被试在一众干扰刺激中搜索到目标刺激；冲突加工可通过 Flanker 任务等测量，即请被试判断一组横向排列小鱼刺激中最中间小鱼头部的朝向，最中间小鱼头部的朝向可能和两侧小鱼的一致或不一致；工作记忆可通过 n-back

任务测量,即请被试接受一连串的刺激物,并在当前的刺激物与第 n 次之前的刺激物相同时做出反应;认知灵活性可通过威斯康星卡片分类任务测量,即请被试按照不同规则对测试卡片进行分类,当规则改变时尽快调整反应,改变卡片分类方式;抑制控制可通过 Go/No-Go 任务测量,要求被试对 Go 刺激及时反应,并抑制对 No-Go 刺激的反应。

那么,究竟是什么决定了认知控制能力在个体之间的差异?认知控制能力不足会有哪些表现?又会有什么影响?放在以前,或许我们只能说,认知控制能力受到遗传和环境的共同作用。近一个世纪以来,双生子研究(twin study)已经为回答个体各种生理和心理现象背后的遗传与环境因素的贡献提供了有力的技术支持,而在涉及更加复杂的认知控制领域,双生子研究方兴未艾。

2. 认知控制的遗传机制

认知控制领域最早的双生子研究开始于 2008 年,Friedman 等(2008)招募了 158 对同卵和 133 对异卵的双生子(16 岁左右),发现执行功能可能是最受遗传因素影响的心理过程之一,其受遗传因素影响的程度甚至超过了智商。此外,研究者分别测量了执行功能的三个维度——抑制控制、工作记忆和认知灵活性,发现不同成分之间存在相互联系,但在遗传方面又有各自独立的影响因素,其中认知灵活性受环境因素的影响较大,抑制控制和工作记忆更多地受遗传因素的影响。

随后,Chen 等(2020)将年龄范围扩大为儿童早期到青春期晚期。

他们发现,认知控制能力是在个体 6～18 岁(横跨了整个中小学时期)发展起来的,具有高度的遗传性,与智商具有一定的相关关系。具体来说,从发展角度来看,认知控制能力从 6 岁开始变强,在 21 岁时达到个体认知控制能力的 95%,其增长率随年龄增长而下降;从遗传角度来看,认知控制能力具有高度的遗传性,遗传因素的解释率为 66%。

除了青少年,也有研究关注遗传因素对老年群体执行功能的影响。Lee 等(2012)招募了 65 岁以上的 117 对同卵双生子和 98 对异卵双生子,发现执行功能的四项指标均具有遗传性,具体而言,遗传因素对工作记忆、言语流畅度、抑制控制、认知灵活性的解释率分别为 59%、63%、29%、31%。尽管执行功能作为一个多维结构,四项指标之间相对独立,但所有指标之间的共变都可归因于一个共同的遗传因素,这说明执行功能的内部可能具有共同的生物学基础。

因此,逐渐有研究者开始关注认知控制的神经机制及其遗传因素的作用。首先是脑电信号,Burwell 等(2016)研究了 48 对同卵双生子(14～16 岁)相隔一年的事件相关电位结果的稳定性。他们发现,双生子在脑电信号上也具有较强的一致性,进行各类认知控制任务所诱发的共计 16 种事件相关电位振幅之间的相关系数为 0.44～0.86,平均相关系数为 0.64。

随后,Etzel 等(2020)使用多变量模式分析探究了人脑连接组项目中的 105 对同卵双生子、78 对异卵双生子、99 对非双生子兄弟姐妹以及 100 对没有血缘关系的随机配对组的磁共振成像的模式相似性。结果发现,同卵双生子在完成工作记忆任务时,大脑额顶网络的激活模式相似性更大，异卵双生子和非双生子兄弟姐妹的相似性明显较小，随机配对组的相似性最小。

3. 认知控制与行为异常

青春期个体的大脑（尤其是前额叶皮层）和认知控制能力尚处于发育状态，相对不成熟，是导致其冒险行为的主要因素之一。Anokhin(2010)招募了 12～14 岁的 166 对同卵双生子和 201 对异卵双生子进行纵向追踪研究。结果发现，在青少年时期，遗传因素逐渐开始影响前额叶的执行功能。

双系统模型认为，青少年的冒险行为是由认知控制系统和奖赏加工系统之间的不平衡造成的。Harden 等(2017)招募了处于青春期的 153 对同卵双生子和 284 对异卵双生子，将个体的冒险行为分为了预先规划、大胆冒险、认知失控和奖赏寻求四个维度，对应的遗传解释率分别为 31%、36%、63% 和 66%。行为遗传分析进一步表明，影响认知失控的遗传因素与影响智商的遗传因素几乎完全重叠（相关性为 -0.91）。

此外，烟酒过度会对个体认知控制能力产生不利影响。有研究发现，长期吸烟（一生中超过 100 支）对个体的认知控制/注意系统有很大的影响。还有研究发现，酒精滥用破坏了认知控制相关的内侧前额叶 θ 波段脑电信号，降低了内侧和背侧前额叶之间的连接性，而且这种影响在女性中更大。

4. 认知控制与精神疾病

除了一些不良生活习惯可能对认知控制存在影响以外,有时候,认知控制的缺陷也可能是精神疾病的表现。

以往研究就发现,抑郁症可能会影响个体调节自己以目标为导向的思想和行动的认知控制能力。Friedman 等(2018)通过调查 439 对双生子,发现较高的抑郁水平与较差的执行功能有关。他们进一步分析发现,执行功能的异常与抑郁症很大程度上受到了共同遗传因素的影响。

此外,注意缺陷多动障碍与认知控制异常有关。Sudre 等(2021)利

爱冒险的青少年

用时隔 3 年的纵向数据计算了大脑功能连接发展变化的遗传性,确定了这些指标与注意缺陷多动障碍症状变化的关系。他们发现,注意网络与认知控制网络之间功能连接的变化具有明显的遗传性,而随着注意网络和认知控制网络之间功能连接的减弱,多动／冲动的症状会变得更加严重。

5. 总结

首先,从发展的角度来看,儿童青少年的大脑与认知控制能力尚处于快速发展的阶段,因而他们很难完全做到自觉、自控。但随着年龄的增长,他们的认知控制能力会逐渐增强,他们也会变得自觉。在这一过程中,正如儿童对细菌和病毒的免疫力较弱一样,他们对电子产品、网络游戏、不良习惯等诱惑的免疫力也较弱,需要家长提供一定程度的保护。

其次,从遗传的角度来看,虽然先天因素在一定程度上决定了个体自身的认知控制能力,但健康的生活方式和正确的价值观引导仍然在儿童青少年的成长发育中起着至关重要的正面作用。家长不仅决定了孩子的先天因素,也决定了孩子是否在良好的环境中成长和学习。家长是孩子最好的老师,在很多情况下,说给孩子听真的不如做给孩子看。

最后,从心理健康的角度来看,儿童青少年的大脑发育与心理发展很容易受到外界环境的影响,需要家长更多地关注。家长不但要关心孩子的身高和体重,也要关心孩子的大脑和心理健康。良好的睡眠、健康的饮食、科学的用脑习惯、和谐的亲子关系、无条件的积极关注,都能为孩子的身心健康成长提供有力保障。

健康饮食对孩子的身心健康成长也很重要

三个和尚没水喝：
如何提升主动控制感？

李云云/视觉与计算认知实验室

在日常生活中，我们都会有这样的体验，在做一件事情的时候，如果行为和行为结果都按照自己的预期一一实现，我们会感觉到一切尽在自己的掌控之中。例如，当天色变暗的时候，我们会打开墙上的电灯开关，让房间亮起来。此时，如果不去有意地体会，并不能感觉到对这件事中各个环节的控制感。但是，当我们准备开灯，却并没有在熟悉的位置摸到开关，或者按了开关之后灯却没有亮起来的时候，我们会体验到现实情况与自己预期之间的冲突，以及对事情失去控制的感觉。

1. 什么是主动控制感？

这种普遍存在的、很重要却又容易被人们忽略的感觉就是主动控制感。换言之，主动控制感就是指人在与环境互动的过程中，产生的能够控制自己行为并通过行为控制外界事物进程的主观体验。在工作和生活中感觉到自己能够控制自己的行为和行为结果是心理健康的重要特征，是稳定的自我意识的重要组成部分。

主动控制感与人们对自己行为的责任感密切相关。责任的界定通常建立在一个人能够控制自己行为的基础上。例如，在法律领域，对违法者的法律责任界定不仅要求一个人确实实施了或者准备实施犯罪行为，还要求他知道该行为的性质和后果。也就是说，违法者应当具备控制自己行为的能力，能够预测自己的行为和行为结果，体验到对自己行为和行为结果的主动控制感。人们体验到对自己行为的主动控制感，就会产生"我能控制自己的行为，对结果负有责任"的感觉，反之，主动控制感缺失或者降低，就会产生"我控制不了自己的行为和行为结果，我不负责"的感觉。

某些特殊人群的主动控制感存在缺失或者异常。例如，精神分裂症患者经常出现幻听、被控制妄想等症状，他们可能感到自己的行为受到自己之外的力量的控制，并且难以预测自己的行为和行为结果，因而对自己的行为缺乏主动控制感。儿童由于尚未成熟，也存在难以预料自己行为后果的情况，不能产生对自己行为的主动控制感。健康人在特殊状态下，如醉酒时所做出的行为可能缺乏清楚的意识控制，对这些行为的主动控制感也会降低。这些主动控制感缺失或者降低的情况都可能影响到在法律量刑中对一个人是否需要承担相应刑事责任的判定。

2. 如何建立适当的主动控制感？

既然主动控制感对于责任感如此重要，那么，对于一般人来说，应当如何建立适当的主动控制感呢？回答这个问题之前，先来了解一下主动控制感是怎么产生的。主动控制感源于实际的行为结果与人们预期的行为结果相符合，以及人们根据因果关系推断出自己的行为是自愿的，且事件结果是由自己的行为造成的。然后，在此基础上，我们来看哪些因素会影响主动控制感的强度，以及据此人们可以进行哪些调整来获得适当的主动控制感。

(1) 行为意图的参与

日常生活中，人们决定做什么以及什么时候去做，都体现了行为意图的作用。可以说，人们对行为和行为结果的解释很多时候都要根据行为意图来判定。研究显示，当人们可以自己决定主动做出行为（包括做不做、什么时间做等）的时候，人们会对自己的行为和行为结果产生主动控制感；而当人们的肢体在别人的操纵之下无意图地被动做出行为时，就不会产生主动控制感，或者在他人的胁迫下做出行为时，行为

儿童认知发展尚不成熟，无法控制自己的行为

意图会降低，主动控制感也会降低。进一步的研究发现，当可以在多个选项中自由选择时，相比于只能按照他人的命令执行动作，人们的自由意志会增强，产生更强的主动控制感。可供自由选择的选项越多，人们产生的主动控制感就越强。

从主动控制感与责任感的关系来看，对于有意图参与和有更多选择的主动行为，人们会产生"我自己选择了这样的行为，我能控制自己的行为，我对结果负有责任"的感觉。而在被动、被指挥和没有选择的情况下，人们会产生"我做出这样的行为不是出于自己的意愿，我不是故意的，我只是奉命行事，没得选择，我控制不了结果，我不负责"的感觉。因此，让人们自由选择，自主决定行为的内容以及何时执行行为，有助于增强人们对自己行为和行为结果的主动控制感和责任感。

选择越多，主动控制感越强

(2) 意图、行为和结果之间形成的因果关系

意图、行为和结果之间形成的因果关系更多的是人们主观相信的或者推断出来的,而不一定是真实的因果关系。研究表明,当人们相信是他人的行为造成了结果时,人们会错误地将自己的行为归因于他人,因而导致主动控制感降低。相反的情况下,人们也可能相信是自己的行为造成了结果,甚至在自己实际上并没有做出行为时将结果归因于自己,从而产生了虚假的主动控制感。

行为结果的好坏也会影响人们的归因,进而影响主动控制感。由于自我服务偏向,人们会做出功利性的决策,倾向于将积极的、好的结果归因于自己,而将消极的、坏的结果归因于他人。研究发现,当人们的行为引起积极的结果时,相较引起消极的结果,人们会体验到更强的主动控制感。这符合实际生活和工作中的现象,即人们更倾向于觉得成功是自己的功劳,而失败是他人、运气等外部原因造成的,自己不应当为不好的结果负全部责任。

不过,也存在例外情况。与经济性的消极结果(如金钱损失)相比,人们对道德性的消极结果(如对他人身体造成伤害)反而会产生更强的主动控制感。并且,对于道德性的消极结果,越严重的结果(相较没那么严重的结果)引起的主动控制感和责任感水平越高。这些情况不符合人们自我服务的偏向,似乎在道德情境中,人们不再采用功利主义的决策方式,反而对道德性的消极结果产生了更多的责任感。一种可能的原因是,在道德观念的推动下产生的消极道德情绪(比如内疚)使得人们回顾性地增强了结果和行为之间的因果关系,结果越严重因果关

系越强,因而人们体验到更强的主动控制感。另一种可能的原因是,在一定的情境中,当人们觉察到自己的行为和道德性的消极结果之间具有明确的因果关系,糟糕的结果就是由自己造成的,没有其他原因可以替代时,越严重的道德结果使人们越难推卸责任,因而人们体验到更强的主动控制感和责任感。

从以上研究来看,人们对事物有扭曲的因果信念,就会错误地理解自己的行为和行为结果之间的因果关系,从而缺乏主动控制感或者产生过高水平的主动控制感,并且可能因此而逃避应该承担的责任或者承担不该承担的责任。此外,当人们拥有错误的归因观念时,他们可能倾向于把消极结果归因于他人,因而不能体验到应当为自己行为的消极结果负责的感觉。所以,正确认识事物之间的因果关系,培养正确的归因观念,树立良好的道德观,对于人们恰当地体验到对自己行为和行为结果的主动控制感,进而产生相应的责任感具有重要作用。

(3) 社会群体的组织特性

在社会活动中,人们经常需要一起合作以完成共同的目标,每个人在群体中的角色和贡献大小影响了他们体验到的主动控制感和责任感水平。有研究发现,与一个人单独投掷三个骰子相比,当三个人分别投掷一个骰子时,个体对群体结果的主动控制感和责任感会降低。这表明当人们在群体行动中扮演同样的角色,做出相似的行为,对结果有同等大小的贡献时,自我和他人的工作便会难以区分,使得个体更不容易对群体结果产生主动控制感和责任感。我们熟悉的"三个和尚"的故事就是这种情况的典型代表。由于三个和尚在寺庙的工作中分工不明确,总是一起抬水来完成打水的工作,因此难以区分每个人的贡献。这种安排导致他们主观上降低了对结果的主动控制感和责任感,认为这个工作"不是缺了我就不行",其他人可以代替自己来完成,于是每个人都想要偷懒来逃避工作。

针对上述情况,可以通过给群体中的每个人进行明确的分工来避免上述情况。研究发现,当人们在合作行动中扮演不同的角色时,主动控制感和责任感水平更高。例如,在一项合作移动物体的任务中,当多个人分别操控这一物体在垂直或水平方向的移动时,相比于一个人单独操控所有方向完成任务,每个人都体验到了更强的主动控制感。此外,对群体中的每个人按照他们的贡献大小进行公平的奖励,相比于不加区分地对所有人进行平等奖励,能引起个人更强的主动控制感,并且

团队合作中应明确每个人的分工

贡献程度越大、获得的奖励越多时，主动控制感水平越高。

在群体活动中，当所有个体的行为都一样，不具有可区分性时，个体的行为对实现群体目标就显得可有可无，个体无法感受到自己的行为对群体结果的贡献程度有多大。当不论个体对群体结果的贡献大小如何，对群体中所有个体给予同样大小的奖励和惩罚时，个体的行为和行为结果之间的因果关系也会被减弱，从而损害个体对自己行为和行为结果的主动控制感，使个体产生做多做少都一样的感觉，降低个体努力的积极性和对群体结果的责任感。因此，在群体合作中，明确每个人的不同分工，使每个人的贡献对于达成群体目标必不可少，并按照工作贡献大小给予相应的奖励或者处罚，对于建立个人对自己行为和行为结果的主动控制感和责任感具有重要的现实意义。

（4）其他的个人因素和社会因素

虽然主动控制感与责任感有密切的关系，但是不能仅仅依靠提高主动控制感来保证人们都能做到为自己的行为负责。在实际行动中，除了要让人们体验到对行为和行为结果的主动控制感和责任感之外，还需要考虑其他的个人因素和社会因素，并通过教育和法律规定将责任感和责任界定转化为实际的负责任行动，才能使人们从行为上真正承担起相应的责任。

不可或缺的生命教育：
如何与儿童谈论生病和死亡？

江盈颖　朱莉琪/儿童认知与社会行为发展课题组

每到流感高发季节，家长们瑟瑟发抖，生怕孩子染上流感。孩子一旦染上流感，轻则吃药打针，重则住院治疗，严重时甚至可能危及生命，孩子遭罪，家长更是糟心。然而，生病几乎是所有儿童成长过程中无法绕开的经历，儿童对生病有着怎样的认识呢？他们对成人常常避而不谈的死亡又是如何看待的呢？健康教育需要建立在儿童自身的认知水平的基础上。了解儿童如何认识疾病，才能有针对性地给予适当的引导，对儿童进行正确的生命教育，帮助他们更加理性地认识死亡，珍爱生命。

发展心理学家的研究发现，儿童在人类重要的知识领域有自己的"朴素理论"，包括"朴素物理学""朴素生物学""朴素心理学"等。儿童在接受正式教育前，就用这种理论来解释现实世界的现象。比如，如果问一名2岁的儿童"人为什么不能住在月球上"，他会回答"因为会摔到地上"。这种非科学的回答对儿童本身的发展意义重大，因为儿童可以把纷繁复杂的世界纳入自己的认知框架中，并做出推理和预测，借此指导自己的行为。

发展心理学家考察了儿童的"朴素生物学"，包括儿童对疾病和死亡等问题的认知。

1. 人为什么会生病呢？

心理学家在邀请儿童回答"人为什么会生病"的过程中，发现学龄前儿童会用"上苍公正"来解释疾病，也就是我们日常所说的"善有善报，恶有恶报"（一个人如果偷了东西或者撒谎就会生病）；儿童也会用疾病症状来解释疾病，比如"他流鼻涕，所以他生病了"；儿童（甚至包括一些成人）都不能够用科学的、生物学上的原因来解释疾病，而倾向于采用民俗的解释，比如被风吹了会生病、喝了凉水会肚子疼等。国内研究者邀请 3~5 岁的儿童以及成人回答"人为什么会生病呢？""人在什么条件下会生病呢？"这些问题。

结果发现，成人主要通过生物学的原因来解释疾病（比如病毒感染），也能够认识到心因性因素的影响（比如心情忧郁容易生病）。而 3~5 岁的儿童则更多地从行为学的角度来解释疾病，他们认为不好的行为习惯（比如不穿衣服、不吃饭、喝生水）是生病的主要原因。随着年龄的增长，他们越来越少用现象，也就是疾病的症状，来解释疾病。

那年龄更大一点的儿童如何认识疾病的病因呢？有研究者让 5~9 岁的儿童来解释一些常见疾病的原因，例如"得流感和水痘的原因是什么"。结果发现，虽然 5~9 岁的儿童还是会用不良的行为习惯来解释疾病，但是他们慢慢能够用生物学的原因来解释疾病，也逐渐关注心理因素在疾病中的作用。而且随着儿童慢慢长大，他们逐渐可以从多个方面来解释人为什么会生病，即做出多因性的解释。

2. 和生病的儿童接触就一定会生病吗?

有研究考察过"儿童如何认识疾病传染的可能性"这一问题,即有致病的风险因素就一定会致病吗?心理学家邀请幼儿园和小学的儿童听一些故事,并让儿童预测故事里的主人公会不会生病。

问题1:接触了细菌/病毒是不是就一定会生病?

举个例子:今天,幼儿园的点心是饼干。饼干掉进了垃圾桶里,垃圾桶里到处都是细菌。小朋友们全都吃了带细菌的饼干,有多少人会生病呢?

问题2:如果暴露在高风险/低风险的情境下,生病的可能性有多大呢?

一天,一个生病的小朋友来到小明的教室。小明抚摸并拥抱了这个生病的小朋友,小明会生病吗?(高风险)

一天,一个生病的小朋友路过小明的教室。小明在教室里向这个生病的小朋友挥手打招呼,小明会生病吗?(低风险)

研究发现,学龄前的儿童倾向于认为致病因素的影响是绝对的:如果班里所有的儿童都吃了有细菌的饼干,那么所有的儿童都会生病;高风险和低风险故事里的主人公也都会生病。只有很少一部分5岁的儿童能够意识到行为风险高低的差别。随着年龄的增长,儿童认为"肯定生病"的比例越来越小,选择"可能生病"的比例升高。同时,年长儿童更倾向于从多个方面来考虑生病的可能性。

3. 儿童如何认识生命和死亡?

和疾病密切相关的话题是生命和死亡。那么,儿童是怎么理解生命和死亡的呢?

(1) 儿童对生命概念的认识

著名心理学家皮亚杰采用临床法探究儿童对生命概念的发展。根据他的研究结果,儿童对生命概念的认识(即能否区分生物和非生物)可划分为五个阶段。

生病的小朋友

阶段 0：没有生命概念，儿童不能区分有生命和无生命的物体。

阶段 1：儿童认为自然界的各种事物都是和人一样有意识的，所有事物的运动变化也是有目的、有意识的行为。比如一个儿童自己不小心从椅子上摔了下来，他会认为是椅子"淘气"；自己把球扔歪了，球没有进篮筐，是因为球"不听话"。这个阶段的儿童对事物的认识处于"泛灵论"和"目的论"的水平，即"万物有灵"，各种事物的存在都是有目的的。比如问儿童"为什么晚上有月亮"，他会回答"因为月亮要给人照亮"；问儿童"这块石头为什么是尖的"，他会回答"因为这样人就不会坐到它身上"。儿童认为有用的、未损坏的东西就是活的，比如太阳能照亮、枪能打人，所以是活的；完整的盘子是活的，摔碎的盘子不是活的。

阶段 2：儿童认为能够运动的物体，比如天上飘动的云彩、地上跑动的汽车、被风吹动的树和滚动的石头等，就是"活"的，因为这些物体在"动"。

阶段 3：儿童认为能够自主运动的物体才是"活"的。比如河流是活的，因为它能自己流动；动物是活的，因为它们能自己跑动；植物不是活的，因为它们不会自己动。

阶段 4：儿童认识到动物和植物都是活的、有生命的。他们能够理解更多的生命现象，比如生长繁殖、新陈代谢等。

(2) 儿童对死亡的认知

心理学家发现，与"生命"相对的"死亡"，作为一种应激源，容易引起个体的恐惧、悲伤和焦虑等情绪。在中国文化中，"死亡"是人们很忌讳的一个话题，因而国内对"儿童如何认识死亡"的研究也较少。曾经，一条"黑人抬棺"的短视频在各个网络平台上异常火爆。"黑人抬棺"这个词出自原版视频"加纳黑人棺葬舞蹈"，视频中一支黑人棺葬舞蹈团队展示了在加纳特有的喜丧习俗。动感的节奏、欢快的气氛、整齐的舞步以及各式的棺材造型，传达了不同文化对死亡的不同解读。在日常生活中，死亡是一个不可回避的生物现象。

心理学家大多从死亡的以下特征来探究儿童对死亡的认知水平：死亡的普遍性（所有的人都会死）、死亡的不可逆性（不能死而复生）、死亡的功能丧失性（生理和心理功能丧失）、死亡的原因性（死亡是由身体机能丧失引起的）。那我们就从这几个方面来看看儿童是怎么认识死亡的。

植物的生长过程

① 对普遍性和不可逆性的认知

研究者邀请 4～6 岁的儿童参与访谈，让他们举例身边会/不会死亡的东西，将日常生活中的物体(人、其他动物、人造物等)按照是否会死亡进行分类，并且回答：是不是所有的这些物体都会死？（普遍性）这些物体死了是不是还会再活过来？（不可逆性）

结果发现，4 岁和 5 岁的儿童还不能够区分身边的生物和非生物会不会死亡，大多数 6 岁的儿童能够部分或者全部区分。儿童都能够知道死亡具有不可逆性，但他们对于死亡的普遍性的认知相对较差。一些儿童会认为年轻人和健康人不会死，只有老人和生病的人才会死；自己不会死，爸爸妈妈不会死，但爷爷奶奶会死；自己喜欢的动物和植物不会死，但是坏蛋、爱打人的人会死。

② 对功能丧失性的认知和对死亡的态度

死亡的功能丧失性包括生理和心理功能的丧失，生理功能指的是吃饭、说话等外部的行为，而心理功能指的是内在心理活动及感觉(如会不会思考、能不能感觉到疼)。研究者发现，84% 的 4 岁儿童已经能够理解死亡后人的生理功能会丧失，但只有 16% 的 4 岁儿童能够理解死亡后人的心理功能也将丧失；5 岁儿童都能很好地理解生理功能的丧失，48% 的 5 岁儿童还能够理解心理功能的丧失。当被问到"一个死了的人还会伤心吗？"这个问题时，许多儿童会回答"会"，并给出"因为他不想死""死的时候会很疼""因为他会想爸爸妈妈的"等答案，而 6 岁及以上儿童则可以准确地理解功能丧失性。

当儿童被问到"奶奶死了是一件……（伤心难过、害怕、愉快高兴、幸福)的事?"的时候,绝大多数 3 岁的儿童都会觉得奶奶即使死了,也会给他们讲故事、买好吃的,还会在梦中想念他们。随着儿童逐渐长大,他们慢慢地对死亡事件普遍地表现出伤心难过、恐惧和惋惜的情感。

③对死亡原因的认识

有研究者请 5~6 岁上幼儿园大班的儿童回答"人为什么会死亡"这一问题,无论男生还是女生,给出的死亡原因首先是"衰老"(人老了就会死),其次是"外界攻击"(中弹了,被人杀死了),再次是"意外灾害"。在意外灾害这类原因中,大多数的儿童提到了地震。这可能是因为这次研究中的儿童刚亲历了"5·12"汶川地震,所以他们更加容易提取出这一原因。

儿童表现出伤心的情感

国外心理学家选取来自英国中产阶级的4～11岁儿童和成人为研究对象，探究他们对死亡原因的认识。结果发现，他们的解释也呈现出阶段性。

阶段1：提及外在的原因，没有生物学上的解释（例如，利器、战争、疾病、意外、饥荒等）。

阶段2：提及身体或者器官，但不是明确的生物学原因（例如利器，因为利器扎入人的身体并导致心脏停止跳动，人就不能够呼吸了）。

阶段3：明显的生物学解释（例如利器扎入人的身体后，身体里所有的血都会流出来，所以人会死，因为人需要心脏继续跳动，才能够继续呼吸、继续活动，让大脑工作）。

4. 父母如何对儿童进行生命教育

(1) 对不同年龄段和认知水平儿童的引导可以有所侧重

对于3～5岁的儿童，帮助他们培养良好的行为习惯或许比讲知识更管用。培养良好的行为习惯，比如"饭前便后要洗手""打喷嚏要掩口鼻"等，很重要。

对于5～6岁的儿童，可以给他们提供一些与行为习惯相对应的简单原因，比如告诉他们"脏东西会从眼睛、嘴巴和鼻子进入身体"，那么儿童就会知道无论是吃饭、揉眼睛还是抠鼻子，都需要先洗手。

对于更大年龄的儿童,家长可以向他们讲解疾病的生物学原因,比如什么是病毒,病毒是怎么样从外面进到人体里面去的,病毒是怎么样让人生病的,为什么有些人被病毒打败甚至死掉而有些人可以恢复健康,医生又是怎么样让患者恢复健康的,等等。适当地给予医学和生物学解释,降低疾病和死亡的神秘性,从而让儿童明白疾病的治疗过程,有助于缓解儿童的焦虑和恐惧情绪。

(2) 引导儿童认识疾病和死亡的可能性

学龄前的儿童更加倾向于认为接触了有患病风险的情境就一定会生病,这有利于提高儿童的自我防护意识。但是过度的警惕也会使得他们陷入焦虑和恐惧之中。家长可以引导儿童从多方面来看待是否会

儿童养成勤洗手的好习惯

生病和死亡的问题，除了衰老、外界攻击和意外灾害之外，疾病的威胁也不容小觑。例如疾病会影响我们的健康甚至危及生命，但是只要我们经常锻炼身体，平时不挑食，保持营养均衡，勤洗手，通过多种方式预防，我们就不会轻易被病毒打倒。

（3）正面回答儿童关于死亡的问题，教导儿童珍爱生命

回避的态度会使得儿童认为死亡是一个神秘的话题，不能公开讨论，这会让他们感到害怕；同时家长也不能够敷衍回答"这件事离你还很远，你不会死的"，这会使得儿童对于疾病和其他生命危险持盲目乐观的态度。另外，父母需尽量用恰当的词语对死亡进行描述。在描述死亡时，家长经常会用"他睡着了""他要去很远很远的地方""他去天上了"来描述死亡，但指出功能丧失性（即正常身体功能的结束，从外部行为上的结束到内在心理活动和感受的终止）也是十分重要的。这可以让儿童意识到：死了之后就不能再活过来了，不能吃好吃的了，不能再见到爸爸妈妈了，不能开心地和小伙伴玩耍了。这样一方面可以引导儿童珍爱自己的生命；另一方面也能够培养儿童的同情心和感恩心，不会对鲜活生命的逝去熟视无睹、无动于衷，从而感恩国家、社会以及每一个为保护人类健康贡献自己力量的人。

孤独症早期鉴别：
发现"来自星星的孩子"

杨运梅　李　晶

有这么一群孩子，他们不和别人对视，不理会别人的呼唤，不会用完整的语句表达自己的想法，就像是童话里的小王子，独自生活在自己的星球上。他们被称为"来自星星的孩子"，在遥远的地方孤独地闪烁着。事实上，这些"来自星星的孩子"并不存在于美丽的童话故事中，他们可能就生活在我们身边，他们也不是小王子，只是得了一种叫作孤独症的病。

1. 孤独症是什么？

孤独症起病于婴幼儿期（3岁前），是一种广泛性发育障碍。孤独症的核心特征是社交障碍、语言交流障碍、限制性兴趣和重复刻板的行为模式以及非典型的感觉反应。它是目前世界上患者数量增长最快的严重疾病之一。美国疾病预防控制中心的调查结果显示，每59名8岁儿童中有1名被确诊为孤独症，2019年被确诊为孤独症的儿童比以前的报告高出约1.7%。孤独症还伴随着许多的并发症，双重精神或神经紊乱是常见的并发症，其中包括多动和注意力障碍，比如注意缺陷多动障碍；焦虑症、抑郁症和癫痫也是比较常见的并发症。

孤独症的病因虽然至今没有定论，但是一些可能的致病因素已经被发现。目前已经有证据支持的致病因素包括新生儿缺氧、妊娠期糖尿病、孕期丙戊酸盐的使用、父母年龄过大（产妇≥40岁，父亲≥50岁）以及较短的怀孕间隔（<12个月）等，这些因素都有可能增加患病风险。此外，家里已有一个确诊孤独症的孩子、早产、妊娠期体重增加、叶酸摄入量缺乏（保护性）也是比较主要的致病因素。

产前接触杀虫剂、自身免疫性疾病家族史、夏季出生和暴露于空气污染中作为孤独症的致病因素缺乏足够的证据支持。而胎膜早破、妊娠期高血压疾病、产前吸烟、剖宫产等假设致病因素并没有证据支持。但从这些致病因素中我们也可以了解到孕前和产前的预防对降低孤独症的患病风险是非常必要和有意义的。

孤独症是一种致残率极高的疾病，会对患者的身心健康造成巨大的危害。与此同时，这一疾病不仅给家庭带来了巨大的心理和经济负担，也给社会带来了严重的经济负担。值得庆幸的是，人们对于孤独症的认识也在逐步增加。2007年12月，联合国大会通过决议，从2008年起，将每年的4月2日定为"世界提高孤独症意识日"，一般简称为"世界孤独症日"，呼吁人们提高对孤独症的关注。

2. 孤独症早期筛查的重要性

虽然对于孤独症的治疗没有特效药，但是通过心理和行为干预可以改善患者的特定行为（共同注意、语言能力和社会参与），如不干预，这些行为可能影响患者的进一步发展,干预则能减轻症状的严重程度。看到这里很多人会有一个疑问,什么时候对孤独症患者进行干预最好呢?答案是多早都不算早。

儿童从出生到2岁突触密度快速增加,2岁儿童的突触密度甚至高于成人。这种细胞和细胞之间的联系保证了大脑功能的正常运转。随着年龄的增长,突触经过不断的修剪,从而保留大脑正常功能所需要的突触连接。同时外界环境的刺激也是神经系统发育的必要条件。这种大脑的可塑性和儿童发展的巨大潜力使得对孤独症患者的干预越早越好。而干预的前提是确诊,这也就是说要想尽早干预就需要尽早诊断。目前,孤独症早期诊断年龄比较认可的是2岁左右。

孤独症对患者身心健康造成巨大的危害

3. 如何进行孤独症的早期鉴别呢?

就像诊断其他疾病要告诉医生症状一样,想要进行孤独症的早期诊断,也要找到相应症状。孩子从出生开始在玩耍、学习、说话和其他行为动作等方面应达到与其年龄相对应的发育里程碑。当孩子到了能够说话的年龄仍然不能开口说话,不愿意与别人进行眼神交流,喊他的名字他也无动于衷时,我们不能一味地相信所谓的"贵人语迟"或者"孩子比较内向"的说法。异常的发育状况伴随的可能是发育缺陷。从这方面来说,对孩子进行发育筛查,检查他们的发展是否达到了与其年龄相对应的发育里程碑意义重大。

美国儿科学会建议在对儿童进行发育筛查时应该注意以下几点:

儿童发育筛查的关键年龄为:9 个月、18 个月、24 或 30 个月。当儿童处于这几个年龄段时应该由专业的医生使用经过验证的标准化工具筛查儿童的一般发育情况。

儿童孤独症筛查的关键年龄为:18 个月或 24 个月。孤独症诊断观察量表(第 2 版)(Autism Diagnostic Observation Schedule Second Edition,ADOS-2)是目前认可度较高的孤独症早期筛查工具。

父母、兄弟姐妹以及其他家庭成员患有孤独症的高风险儿童应该进行额外的筛查。

由于产妇及父亲年龄较大、早产、出生体重过轻而有较高发展问题风险的儿童应该着重进行发育筛查。

除了由专业医生进行的发育筛查和孤独症筛查以外,在日常生活中,父母及儿童的其他照料者也可以通过对照儿童心理行为发育问题预警征象筛查表来检查孩子的行为表现,如果出现预警征象就应该引起注意。表 2-1 为儿童心理行为发育问题预警征象筛查表。

表 2-1 儿童心理行为发育问题预警征象筛查表

年龄	预警征象	年龄	预警征象
3 个月	1) 对很大声音没有反应 2) 逗引时不发音或不会微笑 3) 不注视人脸,不追视移动人或物品 4) 俯卧时不会抬头	12 个月	1) 呼唤名字无反应 2) 不会模仿"再见"或"欢迎"动作 3) 不会用大拇指、食指捏小物品 4) 不会扶物站立
6 个月	1) 发音少,不会笑出声 2) 不会伸手抓物 3) 紧握拳松不开 4) 不能扶坐	18 个月	1) 不会有意识叫"爸爸"或"妈妈" 2) 不会按要求指人或物 3) 与人无目光交流 4) 不会独走
8 个月	1) 听到声音无应答 2) 不会区分生人和熟人 3) 双手间不会传递玩具 4) 不会独坐	2 岁	1) 不会说 3 个物品的名称 2) 不会按吩咐做简单事情 3) 不会用勺吃饭 4) 不会扶栏上楼梯/台阶

续表

年龄	预警征象	年龄	预警征象
2岁半	1）不会说2~3个字的短语 2）兴趣单一、刻板 3）不会示意大小便 4）不会跑	5岁	1）不能简单叙说事情经过 2）不知道自己的性别 3）不会用筷子吃饭
3岁	1）不会说自己的名字 2）不会玩"拿棍当马骑"等假想游戏 3）不会模仿画圆 4）不会双脚跳	6岁	1）不会表达自己的感受或想法 2）不会玩角色扮演的集体游戏 3）不会画方形
4岁	1）不会说带形容词的句子 2）不能按要求等待或轮流 3）不会独立穿衣 4）不会单脚站立		

资料来源：陈珊，《儿童发育行为障碍的早期识别与干预》，2017。

除了易于观察的行为指标外，还可以借助一些先进的技术对孤独症风险儿童（哥哥或者姐姐确诊了孤独症的儿童）进行更早、更为客观的鉴别。

(1) 眼动追踪技术

眼动指标虽然也是行为指标，但是相对于其他行为指标来说，眼动指标可以通过仪器在早期测得。对于孤独症患儿来说，眼神注视异常是常见的行为表现之一，在孤独症的早期鉴别和诊断方面起着关键作用。

出生时患儿对社会性刺激的视觉注意力是正常的，但其视觉注意力在出生后 6 个月内会下降。2～6 个月时，孤独症患儿就表现出了与正常儿童不同的注视模式。他们对社会场景、人（包括面部），尤其是眼睛的注视时间较短，而对于嘴巴的注视时间较长。随着年龄的增加，这种症状更加明显。这在一定程度上可以解释孤独症患儿的社会注意缺陷。

值得注意的是，使用眼动追踪技术测量孤独症患儿的注意脱离（注意转移）能力时，发现孤独症患儿 7 个月时的注意脱离与其后来的诊断结果没有明显的联系。然而，孤独症患儿 13 个月时较长的注意脱离潜伏期可以预测其 3 岁时的诊断结果。但也有研究支持孤独症患儿 7 个月时更长的视觉定向延迟可以预测其 2 岁时表现出来的孤独症症状这一观点。因此，将注意脱离能力作为孤独症的预测因子时应该谨慎使用。

孤独症患儿的语言障碍可能是由异常的注视模式和无法整合视听信息导致的。整合视听信息是一种对语言发展很重要的技能。孤独症患儿在 7 个月时表现出在视听信息整合方面的困难；在 14 个月时更偏爱注视动态几何图片而不是社会性图片，这种注视模式也与更严重的语言及社交障碍有关。如果一名幼童将 69% 以上的时间花在注视几何图形上，那么将这名幼童准确归类为孤独症的积极预测值为 100%。

总而言之,注视面部和眼睛时间短、注视眼睛时间随年龄增长递减、注视追随时间短、注视重复物理性刺激时间长、存在视觉搜索优势及注意解除困难均可以作为孤独症的预测指标。

(2) 神经影像技术

功能磁共振成像、结构磁共振成像、事件相关电位等神经影像学研究均表明,神经影像学特征可以预测孤独症诊断前的早期症状。

① 功能磁共振成像

功能磁共振成像通过检测脑血氧饱和度,从而得到大脑各个部位神经元的激活程度,具有较高的时间和空间分辨率(能达到 1 秒左右)。功能磁共振成像早期筛查孤独症的灵敏度高,准确率和特异度能达到

对几何图形感兴趣的幼童

80%左右。

大脑功能连接的早期差异有助于预测6个月时孤独症的诊断,这早于行为特征的定义。对6个月的孤独症高风险婴儿进行功能磁共振成像检查,可以准确地预测其在24个月时的诊断结果。此外,6个月的婴儿在社交行为、语言、运动发育和重复性行为等方面的得分可以与24个月的婴儿的大脑功能关联,也被用于定义孤独症谱系障碍的共同特征。

孤独症风险儿童1~2个月时在静息状态下听母语语音时表现出更多的噪声和运动的随机性。9~10个月时听到母语语音时噪声-信号比降低,并且头部运动的对称性增强。睡眠状态中两侧大脑半球额下回、颞上回神经元同步性活动明显异常。顶叶下部和皮质扣带回区域的网络功能连接以及中央前回不同功能区的连接强度都较正常儿童弱,减弱程度与症状严重程度呈正相关。

②结构磁共振成像

结构磁共振成像是一种以人体不同组织的弛豫时间(包括T1和T2)固定且存在差异为原理,利用原子核在磁场内共振所产生的信号经重建成像的非损伤性医学成像技术。利用结构磁共振成像检测颅脑发现,12个月和24个月时婴儿大脑体积增大可以预测其在24个月或更晚(平均年龄为32.5个月)孤独症的诊断。皮质表面积的过度增长导致了脑容量过度增加,皮质表面积增长主要在左/右枕中回、右侧楔叶区和右侧舌回区。大脑体积的增大与孤独症的社会缺陷和严重程度有关。

③事件相关电位技术

随着神经电生理学的发展，事件相关电位技术已被广泛应用，并且在辅助诊断、鉴别诊断以及对治疗效果进行评定方面发挥着很大的作用。大量的研究表明，孤独症患者的事件相关电位成分与正常人之间存在差异。由于神经心理学认为孤独症患者的功能障碍在于其大脑存在特异的神经环路及代偿机制，因此，与行为学测量指标相比，事件相关电位的异常对反应大脑皮层感觉加工及高级认知功能的异常更加敏感。

缺乏对自己名字的反应性（定向性）是孤独症患儿的最早迹象之一。正常儿童在 5 个月大时就对自己的名字表现出增强的事件相关电位，高风险孤独症儿童对自己的名字表现出额叶反应减弱，在 12 个月以后（大脑额叶快速发展的阶段）表现得最明显。对自己的名字的异常反应可以预测之后孤独症的诊断。语言障碍作为孤独症的核心特征，经常伴有非典型神经偏侧化。在生命的第 1 年中，非典型的言语偏侧化可能是孤独症内表型，有助于区分孤独的亚型。

视觉处理异常是孤独症患儿早期特征之一。目前的研究主要集中在眼睛注视方向、面部和物体三种刺激上。6~10 个月的婴儿眼睛注视朝向或远离面孔时引起的枕部 P400 潜伏期较长，持续时间短。P400 成分和 N290 成分对婴儿的面部处理敏感。与正常儿童不同，10 个月的高风险儿童 P400 成分和 N290 成分对物体的反应都比对面部的反应速度快，其大脑左右半球的不对称性也较正常儿童低。异常的事件相关电位成分特征与 36 个月时的孤独症诊断有关，揭示了孤独症在发育早期的潜在内表型。

虽然生物指标的测量以及新兴仪器、技术的使用较为客观,但是由于研究结果有一定的争议性,因此在使用上述指标及技术进行孤独症的早期鉴别时应该谨慎。

4. 我们能做些什么?

我们可以通过以下行动辨别和帮助孤独症儿童:

了解儿童的发育里程碑特征和孤独症的核心症状。

注意观察儿童的日常行为表现。

发现儿童的异常行为表现,及时让专业医生进行筛查,不

家长应给予儿童更多帮助

盲听盲信。

保持敏感，但不过度敏感。区分发育迟缓和发育异常，不要过分恐慌。

多给予儿童支持性的情绪情感、语言和非语言的输出。

让我们行动起来，尽早发现"来自星星的孩子"，倾听他们的声音，让他们不再孤独。

超常儿童教育：
如何呵护"天才"？

于 梅 刘彤冉 施建农

何为超常儿童？在超常儿童研究的早期，许多国家都把智力测验作为鉴别超常儿童的主要工具，把高智商（智商在 130 以上）作为鉴别的决定性指标。近些年对超常儿童的定义采取了多维度方法，包括智力、创造力以及其他能力，比如领导特点，心理运动能力，视觉、表演、音乐、艺术以及学术和非学术领域的能力。伦祖利（Renzulli）认为，高智商人群有这样三个特征：高于平均水平的智商，创造力（包括好奇心、原创性、独创性和挑战传统的意愿等在内的一系列特征），任务承诺（包括毅力、决心、意志力或正能量等）。

那么，中国的超常儿童多吗？2020 年，中国有 2 亿多 14 岁以下的儿童；因此，基于中国对天赋的定义和认定，中国有 200 多万超常儿童。现在，这个数目应该有所增加。对于这样一个庞大的群体，如何对他们进行教育具有挑战性和重要的意义。作为超常儿童的父母，孩子的超常会不会让他们更加轻松呢？事实并非如此，虽然有文献指出，有天赋的孩子通常不会比正常发育的孩子经历更多的困难，但是，超常似乎增加了个体发展的复杂性，这意味着超常儿童面临着独特的心理问题。事实也表明，超常儿童的出生其实给他们的父母带来了挑战。许多智力超常的儿童从一开始就非常活跃,需要很多刺激。此外,许多超常儿童的父母缺乏对超常儿童有关的发展问题的深入了解,或缺乏促进他们成功和幸福的恰当的策略。许多超常儿童的父母没有做好准备来满足他们孩子的特殊需要,也没有得到来自社区及其他家庭或专业人士的支持,这使他们感到孤独。这种紧张的孤独感和挫折感经常导致他们处于压力中。这些压力有哪些呢?

下面我们便来看看一份来自意大利米兰的调查报告,报告的调查对象是 49 名父母,他们的孩子都是超常儿童。

超常儿童面临着独特的心理问题

1. 超常儿童的父母面临哪些压力

(1) 来自孩子方面的压力

①对立行为和很难接受规则(34.7%)

部分超常儿童喜欢"唱反调",他们有着自己的想法,不喜欢遵循规则,这往往导致他们比一般孩子更难进行教育。一个7岁超常儿童的父亲抱怨道:"在我们家,每天的时间安排都被他打乱,为了让他遵守规则,我们不得不重复很多遍他必须做什么。他不太关心其他人的需要,也不接受'不'这样的回答。这让我们感觉太难掌控他了。"

②很难帮助超常儿童掌控情绪(24.5%)

由于超常儿童往往很有自己的想法,在他们的情绪掌控能力还没有发展完善时,父母也很难帮助他们掌控情绪。一位家长描述道:"我们的女儿有一种特殊的感受方式,好像她可以理解其他人的一切情绪。"然而,当女儿有情绪困扰时,作为父母却很难理解女儿的感受。

③难以处理超常儿童的问题(24.5%)

超常儿童的发展往往超前,他们需要更多的支持和指导,如果作为父母不能够了解他们的发展,甚至没办法引导他们解决问题,往往会导致他们出现负面情绪,比如焦虑、退缩、悲伤等。一个7岁超常儿童的父亲说道:"看到孩子那样,我也很难受,我感到很难支持他,这让我很困扰。"

④超常儿童缺少坚持性(14.3%)

部分超常儿童的父母报告他们的孩子缺乏坚持性。而这往往是由于这些超常儿童觉得任务太简单或者缺乏挑战性,所以缺乏耐心继续完成任务。

⑤超常儿童在社交方面存在困难(8.2%)

超常儿童的发展毕竟超前,这导致他们的很多行为和想法都与同龄儿童有所差别,这也容易使得他们很难与同伴友好相处。一个8岁超常儿童的母亲说道:"我不知道怎么帮助他,为什么他不能跟同伴友好相处,我真希望他能跟同伴相处得更好。"

超常儿童容易受到同龄儿童的孤立

(2) 来自家庭的压力

①缺少家长联盟(44.9%)

超常儿童的父母反映,他们很难找到有帮助的教育建议。很多时候,他们和伴侣在管教孩子方面并不总是观点一致,或者说他们很难在看待孩子的超常特征上达成一致。很多时候,母亲更关注孩子的超常特征,以及超常特征如何影响他们孩子行为的多个方面。比如,一个9岁超常男孩的母亲就说:"我们的儿子很有天赋,这就是他对学校如此紧张和沮丧的原因。他很无聊,这就是为什么他是一个容易愤怒的孩子……我很沮丧,因为没有人理解我。"

②家庭例程难管理(32.7%)

一个7岁超常儿童的父母就说:"我们很难安排我们家的日程。我们儿子的动作节奏不一样。他的注意力有时会非常集中在我们一无所知的事情上。我们发现自己总是怒气冲冲、匆匆忙忙。"

③很难管理兄弟姐妹关系(22.5%)

一个8岁超常儿童的父母就说:"我们的孩子之间存在着巨大的竞争……我们对此感到疲惫不堪,担心他们之间的关系。小男孩在学校有很多问题,但后来他被认为是有天赋的……我们所有的精力都给了他,我们意识到我们忽略了我们的另一个孩子,现在我们感到内疚。平衡我们的注意力并不容易,我们的超常孩子似乎很需要帮助,尤其是在社会和学校问题上。"

④与大家庭的矛盾(20%)

与亲戚谈论孩子的超常也是充满挑战的事情。一个10岁超常儿童的父母说道:"亲戚们并不能理解我们,他们认为是我们推动着我们的孩子变得聪明。他们不明白做这样一个特殊孩子的父母有多难。每一天对我们来说都是充满挑战的。"

⑤ 资金不足(8.2%)

主要问题是无法满足超常儿童的需求。一个8岁超常儿童的父母表示:"我们的儿子非常紧张,噪声、同伴以及对他来说完全没有挑战性的课程,还有我们当地公立学校的常规教学对他来说太难了。我们试着帮他上私立学校,但费用非常高。我们的选择是尽我们所能去满足他的教育需求,但我们不知道我们能坚持多久。"

(3) 来自社会的压力

① 学校(50%)

主要是缺少支持性的家校联盟。许多参与调查的父母认为这对孩子与学校的关系有负面影响。一个6岁超常儿童的父母说:"我们的儿子在上一年级,从第一天开始老师就告诉我,我们的儿子很聪明,但她教不了。她说他上课捣乱,经常不在座位上,等等。现在情况已经崩溃了,我们和他老师的关系很糟糕,我们又生气又累!"

② 在父母角色中感到孤独和缺乏支持(39%)

一个8岁超常儿童的母亲说道:"其他父母认为我们相信我们的孩子比其他孩子好。他们不邀请我们和全班一起吃比萨,他们只是认为我们傲慢自大、野心勃勃。没有人问我感觉如何。有时候我真想大喊大叫。我们是被孤立的,我感到孤独。"

③缺乏来自朋友和机构的支持(25%)

一个 9 岁超常儿童的母亲说道:"我女儿很不一样,甚至有点奇怪,其他孩子从来没有给她打过电话。她似乎对同龄人不感兴趣。她和我们在一起感到很自在。其他父母认为她很奇怪。我很难容忍这种态度。我在问我自己如何才能保护她,但我真的没有一个好的答案。"

④工作忙(4%)

一个 7 岁超常儿童的父亲说道:"我们希望能有更多的时间和她在一起玩,听她说话。但是我们的工作压力很大,我们需要努力工作,给她机会来发展她的潜力。她的学校显然没有准备好满足她的特殊需求。"

现在你还会觉得家里有一个超常儿童一定是一件很轻松的事情吗?如果你是超常儿童的父母,你可能要伤透脑筋了。也许你家的超常儿童会有很多与众不同的表现,他们可能会问很多你答不上的问题,也可能不喜欢按照你的要求做事情,还可能闹情绪而让你束手无策。他们很聪明,从而也很可能让老师们觉得"教不了",这时候你可能得头疼该把他们放在哪所学校了。作为父母,你能够如何应对这些问题呢?下面是国内外的一些关于帮助超常儿童的父母的建议,或许可能给你一些启发。

2. 超常儿童的父母可以这样做

(1) 处理孩子提出的问题

你是以一种充满耐心和幽默的方式回答你的孩子提出的

问题吗?

你有充分利用你的孩子提出的问题或感兴趣的东西来引导他进一步学习和探索吗?

大多数儿童在4岁时就对探索周围的环境很感兴趣。这一点上,超常儿童表现得更早、更持久。他们往往会提出一大堆问题,常常会把"为什么呢""是什么呢""怎么样呢""什么时候呢"挂在嘴边。那些最糟糕的父母喜欢这样回复:"你问太多问题了!"除了父母,这些儿童还能通过什么方式了解这个世界呢?如果他们常常被告知"好奇心害死猫",这可能会阻止他们去探索未知的世界,那么,最终他们的智力也将被埋没。

超常儿童的父母也要应对很多问题

明智的父母会对孩子的好奇心和坚持性表现出耐心和尊重。当孩子在跟他们的对话中掺入了幽默时,明智的父母会跟孩子一起欢笑而不是嘲笑。面对超常的孩子,明智的父母并不是说一定要将孩子的问题回答得一清二楚。父母可以给孩子提供能帮助他们找到答案的工具,或者根据孩子的理解水平让他们尽量理解。

(2) 发展身体和社交技能

你或许关心孩子的心理成长,那么,你也一样关心孩子在身体和社交技能方面的发展吗?

你帮助孩子学会如何跟其他智力水平的孩子相处吗?

你是否避免了过分强调智力成就?

你是否避免过分给孩子施压,比如,不让他们上过多的课外班或者课外课程?

你有教育孩子要用他的天赋造福社会和自身吗?

孩子是否是一个明星运动员或者是否喜欢运动,这些都不重要。有机会玩才是最重要的,这对他们的社会和身体以及智力发展都很有好处。体育活动本身就是健康的活动,并且能够增强孩子的身体运动技能。此外,它能为问题解决和创造性思维提供必要的"孵化"时间。鼓励孩子参加体育活动的好处就是它能够让孩子和不同能力水平的同伴聚在一起。

玩,其实也是一种学习体验。它能开发和锻炼智力,因为孩子会好像是另外一个人、物体或者情境一样去思考和行动。研究表明,语言是玩的第二个基本元素。与其他人一起玩耍,能够给予孩子各种机会,包括尝试不同角色的机会,练习交流的机会,在相互交流中培养自信的机会,以及检验自己的想法的机会和对成人世界有初步的认识和了解的机会,等等。在玩耍的过程中,超常儿童能够与具有不同智力水平的儿童进行交往,从而学会应对他人和自己的优缺点。

社会发展的另一方面就是学会与他人分享自己的天赋。老师往往喜欢通过将这些超常儿童安排为能力更弱的孩子的"小老师",从而开发他们在社交方面的能力。尽管这种方法合适,并且有效,但也不能成为其他社交活动的替代品。比如,父母应该鼓励音乐上有天赋的孩子去给老人、患者、残疾儿童以及其他的类似人群表演,学会对社会做贡献。

(3) 引导孩子做决策

你给你的孩子设定了合理的行为标准,然后确保他遵守这些标准吗?

你在早期就给你的孩子提供了做决策的机会,并在他采取行动后教他对所做决策进行评估吗?

你有教育他如何安排时间和功课,改善他的学习习惯吗?

你有帮助他自己做规划和决策吗?

当他有能力负起责任时,你会给他机会让他变得独立吗?

你会鼓励他设定更高的教育和职业目标吗?

你会克制自己不去为你的孩子挑选职业,而是努力帮助他了解尽可能多的职业吗?

尽早培养孩子做决策的能力。一个人很早就开始做决策了，比如选择一件绿色的T恤还是红色的T恤，选择一种音乐还是另一种音乐。当孩子进入托儿所时，应该激励孩子去探索、满足好奇心、参加各种活动。孩子在早期自主感的发展会给后期的决策技能奠定基础，也能为孩子成长为一个有着高水平的自信心和自尊心的、独立的个体奠定基础。超常儿童的父母有义务引导孩子锻炼他们的能力、独立性、自我方向感。

应当设立合理的行为标准，并预期这些标准能够实现，同时也要让孩子清楚法律的限制。父母应该帮助孩子明白老师能容忍多大程度的叛逆，如何找到建设性的方法去追求他们的兴趣，而同时不会与老师发生冲突。父母应该让孩子意识到，决定什么时候顺从什么时候不顺从是孩子的责任，而不是父母的责任。

在教育孩子管理学习、计划未来时，父母要做的是耐心地引导，而不是帮忙做决策。当孩子的责任意识逐渐增强时，应该让孩子更独立地做事。同时，在孩子努力做事时，父母应该鼓励孩子坚持和尽责。父母当然也可以给出与孩子的天赋和兴趣相适应的职业目标，并提供相关领域的信息或学习经验，但不应最终做决策。也需要强调的是，在这个过程中，父母的角色是顾问，而不是权威。

(4) 鼓励孩子参加各种活动

你有帮助孩子找一些有意义和有挑战性的阅读材料或者电视节目吗？

你有为孩子提供他们感兴趣的书籍吗?

你有给孩子提供他们可以学习或者探索兴趣爱好的地方吗?

你有给孩子提供展示他们作品的地方吗?

你有让孩子了解你的兴趣爱好吗?

你有跟孩子一起去参加他们感兴趣的旅行吗?

你有让孩子参与社区组织提供的活动或者课程吗?

可以从儿童时期就给孩子提供一些假期活动信息,而不是一定要等到青少年的时候。如果家里没有足够的书籍,可以办一张图书馆的卡。当发现孩子对某些东西感兴趣时,父母可以提供一些材料或者信息来增强孩子的兴趣。父母的兴趣也可以跟孩子分享。比如,如果父母喜欢收集陶瓷,可以让孩子学学制陶,或者去探索陶艺的成分、历史发展等。

充分利用当地的一些资源,比如动物园、手工艺展览会、科技馆、音乐会等。这些资源都能对拓展超常儿童的世界有帮助。或者也可以让孩子体验其他形式的生活,比如参加夏令营,如果孩子感兴趣,可以鼓励他们参加夏令营。这些活动能帮助孩子增强理解力和创造力。

从婴儿时期,父母就应该多跟孩子说话,促进孩子的语言发展。可以读一些小的故事,听一些摇篮曲,甚至听听诗歌,或者唱一些简单的歌。这些都能够帮助孩子的语言发展。适当的时候鼓励孩子进行第二语言的学习也是可以的。

不管孩子的天赋是什么,要记住三件事情:应当鼓励孩子开发天赋;过度计划对孩子是不公平的;兴趣和天赋都是性别平等的,关键看孩子喜欢什么。对于一个超常女孩,各个领域的女性成功榜样是很重要的。对于所有的超常儿童,让他们广泛地尝试各种爱好,包括读书、旅行等都是很有必要的。

(5) 做好榜样

你的言行是你想让孩子学习的榜样吗?

不管孩子愿不愿意,父母都是孩子行为的最初榜样,孩子容易去模仿父母。父母的行为会影响孩子如何跟他人交流和如何应对问题,也会影响他们发展自己的价值感。如果超常儿童的父母对孩子不擅长的领域期望过高,孩子可能会把自己看成一个超人或者过分的自我中心化,这样肯定对孩子的成长很不好。并且,父母的行为能够成为孩子语言发展、情绪表达、对学习的态度等的榜样。因此,作为超常儿童的父母,最好能够尽力以身作则。

(6) 面对超常

在你的孩子展示他的作品时,你会尝试从中发现一些亮点去表扬他吗?

你能抑制住炫耀你的超常孩子的冲动吗?

当孩子开始画画时,即使孩子乱涂乱写,父母都会表扬,有时甚至过度表扬。超常儿童往往比其他孩子更加容易进行自我批判,并且很快就会厌烦泛泛的或者重复的表扬。他们需要的是实质的表扬,比如工作确实做得很好或者在技巧上确实有提高。来自老师、父母的真诚的称赞才是他们喜欢的。

尽管父母会尽量提供给孩子恰当的教育,但也必须意识到孩子对独立的需求在逐渐增加。而同时,父母应该给予孩子爱和关心,并给孩子提供能促进他们成长和增加他们创造力的机会。不管孩子的天赋是什么,父母都应该给予孩子宝贵的自由,让孩子成为一个全面发展的人。

(7)巩固家庭关系

你有避免将你的超常孩子和他的兄弟姐妹们进行比较吗?

超常儿童也许会展现出绘画天赋

你有告诉你的超常孩子他是因为他自己而不是因为他的智力水平而被爱的吗?

你有给你的超常孩子提供一些在他能力范围内的家庭事务吗?

作为父母,应该给自己的孩子提供温暖、爱,这能使孩子有足够的安全感去发展他的天赋。"父母是可以依赖的",埃里克森(Erikson)把这种感受叫作基本信任感,它能使得孩子去探索和尝试新的技能,而不会担心遭到拒绝或者失去爱。很基本的一点是,超常儿童应该有一种被爱的感觉,是因为他自己而被爱,不是因为他的智力水平而被爱。

如果父母太强调超常孩子的突出成绩,容易造成超常孩子和其他兄弟姐妹或者朋友之间的矛盾。父母需要尽量减少孩子之间的比较,从而减少兄弟姐妹之间的"仇恨"。一种方式是对所有孩子在时间和精力上都给予相同的关注。这不仅能够促进家庭和谐,也能够让超常孩子拥有健康的心灵。

(8) 自身积极学习

超常儿童的父母可以通过阅读各种图书来了解超常儿童的身心发育特点,从而能更好地陪伴和养育超常儿童。

《超常儿童的学术倡导:父母的完整指南》(*Academic Advocacy for Gifted Children: A Parent's Complete Guide*)一书出版于2008年,作者为Barbara Jackson Gilman。这本书是一本手册,指导家长和老师教育超常儿童。

《超常儿童家长指南》(A Parent's Guide to Gifted Children)一书出版于2007年,作者为James T. Webb、Janet L. Gore、Edward R. Amend和Arlene R. DeVries。这本书几乎涵盖了超常儿童的父母需要知道的关于如何抚养有天赋的孩子的所有事情,以及有天赋的孩子所特有的问题。

《养育超常儿童的关键》(Keys to Parenting the Gifted Child)一书出版于1994年,作者为Sylvia B. Rimm。作者就如何判断你的孩子是否有天赋以及如何为你的孩子找到合适的学校提供了帮助。

《养育超常儿童:培养快乐和成功孩子的小贴士》(Parenting Gifted Kids: Tips for Raising Happy and Successful Children)一书出版于2006年,作者为James R. Delisle,这本书为超常儿童的家长提供了幽默和引人入胜的指导,并鼓励在当今世界培养天才儿童。

《养育超常儿童:来自美国国家天才儿童协会的权威指南》(Parenting Gifted Children: The Authoritative Guide From the National Association for Gifted Children)一书出版于2010年,作者为Jennifer L. Jolly、Donald J. Treffinger、Tracy F. Inman和Joan Franklin Smutny。这本全面的指南涵盖了与高成就者和超常儿童一起工作、鼓励和指导有天赋的学生、为超常儿童充当榜样和导师、在家上学、成绩不佳和高等教育机会等主题。

《超常儿童的父母生存指南:如何理解、与超常儿童共存并为他们挺身而出》(Survival Guide for Parents of Gifted Kids: How to

Understand, Live With, and Stick up for Your Gifted Child)一书出版于 2002 年,作者为 Sally Yahnke Walker。该书包含了关于天赋、天才教育、问题、个性特征等的权威信息,由超常儿童及其父母的教育者撰写。

《当……时,你知道你的孩子有天赋:初学者的人生光明面指南》(*You Know Your Child Is Gifted When... : A Beginner's Guide to Life on the Bright Side*)一书出版于 2000 年,作者为 Judy Galbraith,该书是适合 2~8 岁儿童的入门读物。该书包括天赋的特点,描述在天赋教育中使用的术语:完美主义、养育天赋儿童、与学校合作、父母的权利等。

《你的天才孩子:如何识别和发展你孩子从出生到 7 岁的特殊才能》(*Your Gifted Child : How to Recognize and Develop the Talents in Your Child from Birth to Age Seven*)一书出版于 1989 年,作者为 Joan Franklin Smutny、Kathleen Veenker 和 Stephen Veenker。该书包含许多有用的清单、图表、天赋定义的比较,以及许多关于培养超常儿童的有用知识。

(9) 寻求外部帮助

超常儿童的家长可以通过科研机构(例如中国科学院心理研究所超常儿童研究中心)、家长联盟、网络平台等寻求帮助,在研究者的指导下、与其他家长的交流中获取有效信息,帮助超常儿童更好地成长。

疯狂的"莫扎特效应"：
学音乐能让人更聪明吗？

杨晓虹　张　颖

很久以来，民间有这么一个说法："要想考得好，音乐要趁早，7岁分水岭，学了错不了。"这句话的意思是说，学了音乐能使人更聪明从而考得更好。那么，事实是否如此呢？

1. 音乐训练的神奇作用

多年来辛勤的科学家在这个问题上做了很多的研究。1993年，Frances Rauscher 等在《自然》杂志上发表了一篇经典研究，提出了"莫扎特效应"。在这项研究中，研究者发现，被试听了10分钟的莫扎特音乐以后，在空间推理任务上的成绩显著好于没有听莫扎特音乐的被试。这就是著名的"莫扎特效应"。

"莫扎特效应"的发现在科学界引起了很大的轰动，后续很多研究从不同的角度深入挖掘，验证音乐的这种神奇效应。遗憾的是，在很多研究中，"莫扎特效应"并不能得到重复。时隔17年，Pietschnig等（2010）整理了前人的相关文章，综合分析了自1993年之后所有考察"莫扎特效应"的研究，发现虽然"莫扎特效应"确实存在，但是它所带来的差异并不是那么的大。

虽然"莫扎特效应"并不能在后续实验中稳定地得到重复,但是,研究者确实发现,一般的音乐训练依然能在不同方面提升人们的认知能力。比如,在 12 岁之前开始音乐训练的成人在言语记忆上好于没有接受过音乐训练的成人。还有大量的研究发现,接受过音乐训练的个体在工作记忆和执行功能上比没有经过音乐训练的个体更有优势。例如,研究者通过对儿童进行每周 45 分钟、为期 18 个月的乐器训练后,发现这些儿童的工作记忆成绩明显好于同等时长的、进行自然科学训练的同龄儿童。另外,儿童在短期时间内的音乐训练也有着很明显的益处。在 2011 年发表于《心理科学》($Psychological\ Science$)上的一项研究中,研究者让两组学龄前儿童分别学习音乐和绘画,经过为期20 天的学习训练之后,研究者发现,音乐训练组的儿童在言语智力方面有显著的提升,而绘画训练组的儿童并没有明显变化。

看到上述提到的种种,有人可能会觉得,为何不直接进行某一种针对性的训练去提高认知能力,比如言语记忆可以通过一些记忆方法的训练提升。但是这种训练往往枯燥乏味,缺乏趣味性。然而,音乐可以使人产生积极的情绪。另一方面,音乐训练可以促进多种认知能力的提升,这是单个针对性训练所无法能及的。

2. 为什么音乐训练会有这么多好处?

仔细想想,学习演奏音乐其实是一个很复杂的行为。音乐训练需要我们的眼睛去看、双手协调地去动、耳朵及时地去听,同时,它还有其他要求,比如需要我们不断地去记忆等。如今的科学技术使我们有机会深入探究人类的大脑内部都发生了什么。研究发现,经过音乐训练,我们的大脑在结构和功能上都发生了变化,具体体现在负责我们听觉、运动等的多个脑区。这些变化让我们看到,音乐训练带给我们的变化是"刻"在脑袋里的。

看了上述的研究,你是不是已经蠢蠢欲动,想赶紧给孩子开始音乐启蒙呢?笔者认为,孩子不抗拒的话,音乐启蒙是很有用的。即使不一定会在语言和空间推理等方面观察到立竿见影的效果,但是,长期的音乐训练肯定会有助于提升孩子的专注力,而这不正是有助于孩子日后在其他方面获得成功的重要品质之一吗?

音乐可以使人产生积极的情绪

3. 什么时候开始音乐训练？

当你决定要让孩子进入音乐世界的时候，还可能有所困惑的是孩子的年龄，文章最开始提到了"7岁分水岭"，那是否过了7岁就晚了呢？有研究指出，晚开始总比不开始要好，研究者比较了8岁之后进行音乐训练以及没有经过音乐训练的儿童的决策任务的成绩，发现8岁之后参与音乐训练的儿童在决策任务上的表现比没有经过音乐训练的儿童要好。这表明，即使过了7岁，参加音乐训练依然是有作用的。

儿童正处于大脑发育的好时期，此时音乐训练的影响是最显而易见的。而成人大脑相对已经发育成熟，那么音乐训练对于已经发育成熟的大脑是否就没有作用了呢？事实上也并非如此。研究者让18～25岁的成人进行连续8天的音乐训练后发现，音乐训练组的噪声下言语感知任务表现好于没有训练的组别。

如果已经步入老年期，也不用遗憾，因为音乐训练还有助于延缓老年化进程。Verghese等(2003)对一批老年人进行的跟踪研究发现，经常参与演奏乐器等活动的老年人患痴呆的可能性更小。另外还有研究发现，经过6个月的钢琴训练后的老年人，比正常老年人在工作记忆和执行功能上有明显的提升。

通过以上这些研究，我们可以看到音乐训练确实会让我们受益良多，不论在人生的哪个阶段都会有一定的益处。对于家庭来讲，如果时间允许，父母与孩子共同学习音乐，或者老人与孩子共同学习、练习音乐，不仅可以促进每个个体在认知能力上的提升，还可以增加成人与儿童之间的互动，增强情感联系，是一件一举多得的事情。当然，这些都是在个体不抵触的前提下才能产生的益处，我们不能向一个酷爱绘画或体育的儿童强行灌输他不喜欢的音乐，毕竟强扭的"瓜"不甜。

认知发展
cognitive development

当儿童游戏的时候,他也是在发展他的知觉,他的智力,他要从事于实验的冲动,他的社会本领,等等。

——让·皮亚杰
Jean Piaget

第三章
身体智慧篇

闻香识人：
不要忽视那一吸间的暗号

叶玉婷　姚方姝　陈科璞　周　雯

置身人群，闭上眼睛，也不去聆听，深深地吸一口气，你发现了什么？"……某种猛烈的事物，好似火焰，好似风暴，好似咸咸的海洋。它搏动着活泼与欲望，预示着所有强烈美丽而愉快的事物，给我带来身体的幸福。"这是海伦·凯勒（Helen Keller）的回答，这一回答生动地描绘出了她对年轻异性气味的感受。气味，这种弥散在空气中的信息流，虽然有些不可捉摸，却维系着种系内部社会性信息的交流。这一理念可以追溯到古希腊时期，当时就有人发现：公狗会被发情期母狗的分泌物所吸引。19世纪，昆虫学家让-亨利·法布尔（Jean-Henri Fabré）观察到，雄性天蚕蛾聚集于隐藏在金属网后的雌蛾周围，却对明明可见的封闭在玻璃后的雌蛾不为所动，于是提出"雄蛾是被雌蛾的气味而非影像所吸引的"这一观点。

1. 什么是信息素？

这些混杂在气味之中、传递社会信息的神秘物质，直到20世纪50年代才被首次确认。由阿道夫·布特南特（Adolf Butenandt）领导的研究小组首次提取并确认了蚕蛾内部成员间交流的载体——蚕蛾醇。每只雌性蚕蛾只散发出微量的蚕蛾醇，却足以吸引很远距离之外的雄性蚕蛾。1959 年，卡尔松（Karlson）和吕舍尔（Lüscher）将这种嗅觉社会性信息交流的物质载体定义为信息素，即由个体分泌到体外，被同物种的其他个体通过嗅觉器官察觉，并引起后者特定反应的物质。信息素区别于生物体内部的化学信息物质——激素。

传统观点认为，信息素是通过犁鼻器接收，借由副嗅觉系统进行解码加工的。与大多数动物不同，人类副嗅觉系统的功能早已退化。人类是否可以同样在一吸间接收到信息素的暗号，被打上了大大的问号。更何况，人类是非常罕见的以视觉（而非嗅觉）作为主导信息来源的物种。诸多在动物中"一嗅钟情"的故事，在人类世界似乎都被"一见钟情"所取代。然而，尽管一众清洁产品将人类打造得更加"索然无味"，人类的分泌腺无论数量还是体积都高于其他猿类，就这一点而言，与其近亲猿类相比，人类释放的气味更强。人类的这些腺体释放出大量的天然物质包围着身体，使得每个个体有了复杂而独特的气味。关于这些气味的故事流传已久：在古罗马，角斗士的汗液就被收集起来，作为催情剂售卖；拿破仑在给爱人约瑟芬的信中则嘱咐她，在 2 周后的会面来临之前不要洗澡，以便自己享受她自然的香气。

直到千禧年，罗德里格斯（Rodriguez）的发现使我们看到了解释上述矛盾的曙光——在人体嗅黏膜中检测到特殊的 mRNA（信使核糖核酸），其表达的基因与犁鼻器中的主要感受器同源。这预示着，人类的主嗅觉系统可能具有其他动物的副嗅觉系统的部分功能。

2. 信息素如何影响人类行为?

进一步的研究发现,信息素影响人类行为的时间进程各异。有些信息素可以引发快速而可靠的行为,一旦呈现就可以开启某种特定的反应模式,这种信息素被称为直效信息素。这种开关一样的神奇物质为艺术创作带来灵感,譬如小说及其同名改编电影《香水:一个谋杀犯的故事》(*Perfume: The Story of a Murderer*)中,当格雷诺耶(Grenouille)将多名女性体香制成的香水洒在人群中时,广场上原本暴怒的群众瞬间纵欲沉沦。人类的社会系统以及个体的社会行为相比其他动物要复杂许多,这使得"开关"启动的行为模式衍生出各种符合社会规则的变化,极难辨认与确定。目前比较清晰的证据来自母婴互动:母亲乳房的气味可以吸引新生儿的注意并诱发他们的朝向运动。由于这些新生儿毫无后天经验,他们的反应被认为是天生的。另一种长时程的启动信息素能够使接收者的内分泌水平发生缓慢而持久的改变,甚至开启新的发育进程。最强的证据是"月经同步"现象——生活在一起的女性,其月经周期会趋于同步。研究发现:当女性处于卵泡期后期时,其腋下物质缩短了闻到它的女性的月经周期,而女性处于排卵期时,其腋下物质则延长了闻到它的女性的月经周期。

此外,信息素在社会交往过程中,还承担着不同类型的任务。一部分信息素身为"通信兵",称作通信信息素。借助通信信息素,"闻香识人"不再是艺术作品中表达的美好想象,我们可以切实具备区分自我和他人气味的能力,甚至还可以从他人的气味中分辨出性别、年龄等身份信息。更神奇的是,个体释放的气味受控于人类白细胞抗原,并影响着我们的择偶行为。可是,与"同气相求"相反,我们更倾向于寻找与自身白细胞抗原类型差异较大的个体,以优化后代的基因。另一部分信息素身为"陆战队",称作调节信息素,负责实地作战,引起接收者的情绪起伏乃至认知变化。焦虑状态下分泌的汗液能够抵消积极面部表情(意识下)引发的正性情绪;恐惧状态下分泌的汗液会使原本平常的面孔带有一丝恐惧的意味;厌恶或高兴状态下分泌的汗液则可以诱发相应的面部表情变化。

3. 关于人类信息素,我们目前了解多少?

尽管以往的研究多关注西方人(高加索人),而东亚人的分泌腺较少,身体的可挥发性气味也更淡,但在东方人中同样观察到类似的化学线索对情绪的影响,即这一现象表现出跨越种族和文化的普适性。实际上,我们并不能感觉出各种汗液散发了不同的气味;甚至没有明显气味的眼泪也可能影响接收者的生理状态。可见,信息素并不是依靠一般意义上的气味来传递信息,而是独特的物质。

人体复杂的分泌物成分和行为模式,使得人类寻找自己的"蚕蛾醇"的道路荆棘载途。目前,有两种物质被认为是人类信息素的热门候选,它们是雄甾二烯酮和雌甾四烯。顾名思义,这两种类固醇的来源与效应具有明显的性别特异性。雄甾二烯酮主要存在于男性的精液和腋下皮肤及毛发上;雌甾四烯最初发现于女性的尿液中。雄甾二烯酮可以提高女性交感神经兴奋性,激发正性情绪。雌甾四烯则对男性的自主神经反应及情绪产生作用。

近年来,欧美的一些酒吧里涌现了许多"气味派对":参与者通过嗅闻同伴穿过的衣物寻找"合鼻缘"的伴侣。购物网站上也贩卖着"一闻动情""瓶装爱情"的信息素原液和信息素香水。人类开始对一吸间匿影藏形的信息和力量产生了期待与兴趣。虽然诸多的实验证据为人类利用嗅觉的社会性信息进行交流提供了线索,但时至今日,人类释放和接收"信息素"的神经内分泌机制及其涉及的环路结构基础还是未解之谜。一面是驳杂多变的个体分泌物,一面是复杂且结构化的人类行为,中间是如黑箱般的"信息素"及生理机制,科学研究还有很长的路要走,而探索的道路总是荆棘丛生而又引人入胜。

社会性注意：
人类社交、生存和进化的关键力量

纪皓月　王　莉

日常生活中，当我们走在路上，看到有一群人一起看着某一个方向时，我们会有意或无意地将自己的注意力转向他们正在注意的方向和关注的事物。事实上，这一过程体现了我们对社会线索指示方向的追随，如眼睛注视方向、头部朝向、身体朝向等。因此，这一类将我们自身的注意定向到他人的注意焦点处的现象也被统称为"社会性注意"。

个体注意容易受到他人注意焦点的影响

1. 我们如何研究社会性注意？

在实验室中，波斯纳（Posner）所设计的中央线索范式的变式最早被用来测量由眼睛注视所诱发的社会性注意效应。这种简单的任务能够很好地模拟社会性注意并探测其机制。具体而言，将眼睛注视方向向左或向右的人脸刺激呈现在屏幕中央，让被试判断接下来快速闪过的外周靶子出现的位置。实验中靶子出现在眼睛注视方向一侧的情况称为一致条件，靶子出现在眼睛注视方向相反侧的情况称为不一致条件，结果发现在一致条件下被试能更快探测到靶子位置，这表明在靶子呈现前被试就已经将自身的注意转向了眼睛注视的方向，从而使被试对注视位置的靶子的反应时间更短。更重要的是，这个效应在注视线索与靶子间隔时间很短的条件下就能表现出来，不依赖于线索对靶子的预测性，且不受认知负荷的影响，不需要意识参与，种种现象共同表明这是一种自动的、反射性的注意定向效应。

随后，研究者对头部朝向、身体朝向以及生物运动行走方向等其他社会线索进行了同样的考察，发现了与眼睛注视线索类似的效应。其中，生物运动是一类较为特殊的刺激，它由有规律的光点运动序列组成，通过计算机合成或三维运动捕获系统获取，去除了人们所熟悉的形状信息，仅用附着在重要关节处的光点的运动来表征生物体的运动模式。研究发现，不论是整体的生物运动刺激，还是去除了整体形状信息的、特殊的脚部运动刺激，即运动信息由两个附着在脚踝上的运动着的光点组成，都可以诱发反射性注意定向。研究者认为，对局部的脚步信息的加工能力可能是大脑的一种预警系统,在复杂或危急的环境中,这种预警系统能够帮助我们快速知晓他人的意图。值得提到的是,社会性注意行为在其他灵长类动物(如猴子)中也能观察到,并非人类独有。这种跨种族存在的注意现象说明社会性注意很有可能存在一定的进化基础。

近20年来,中央线索范式的变式成为社会性注意研究中最基本、也最为广泛应用的范式之一,无论是在行为水平研究还是在神经水平研究都具有良好的适用性。研究者借助功能磁共振成像、事件相关电位、脑磁图等技术发现,腹侧注意网络和背侧注意网络都可能参与了社会性注意的过程,其中相比非社会线索(如箭头)诱发的非社会性注意尤为特殊地表现在颞上沟脑区的激活。前人关于注意的研究表明,背侧注意网络与自上而下的内源性注意相关,而腹侧注意网络与自下而上的外源性注意相关。神经水平的研究结果再结合其他行为研究的证据表明,社会性注意更可能是一种不同于内源性和外源性注意的特殊的注意形式。

2. 为什么社会性注意技能很重要?

社会性注意技能对人类的社会交往甚至是生存发展都有着至关重要的作用。它有助于人们进一步推测他人的行为意图和心理状态,在社交活动中做出恰当的反应,因而社会性注意也是个体发展心理理论能力所必备的基础。不仅如此,社会性注意在漫长的进化史当中也扮演着重要角色,无论是以捕食者还是被捕食者的身份,人类都需要社会性注意的帮助来共享环境中的重要事件和关键信息,从而获得食物和躲避危险,赢得进化战争的胜利。

但是,临床观察和实验研究均发现,被诊断为孤独症谱系障碍的人群,其社会性注意并非像正常个体一样在发展早期就有所表现。相反,他们在发展早期缺少对社会性刺激的关注,即使是智商正常的患者,在实验室任务中其社会性注意也异于正常人群。在临床上,社会性注意的缺失,尤其是对眼睛注视追随行为的缺失,也往往作为孤独症谱系障碍早期诊断的一个重要指标。然而,也有研究表明,随着孤独症个体的发展,其社会性注意的能力或许可以通过学习等其他方式进行补偿,尽管如此,其背后的认知和神经机制可能与正常人仍有所区别。对成年孤独症谱系障碍患者进行功能磁共振成像和脑磁图研究发现,在颞上沟、前额叶以及杏仁核等脑区,孤独症谱系障碍被试与正常被试在进行注视线索任务时的脑区激活模式显著不同。有研究证明,对孤独症谱系障碍儿童进行一定的社会性注意技能训练能有效缓解他们的症状,因而,对孤独症谱系障碍患者进行有效的干预具有重要的临床意义。

迄今为止,有关社会性注意的研究虽已取得丰富进展,但学术界对社会性注意的本质及其潜在神经机制的看法仍存有争议。今后对社会性注意的起源和机制进行进一步的探究能够为人类大脑中是否存在一个专门的"社会性注意探测器"提供证据,同时也能为社会性注意在孤独症谱系障碍的早期诊断与干预中的应用提供实验依据,具有重要的理论意义和社会应用价值。

"表里不一"：
伪装表情是否有迹可循？

莫 凡 赵 科 傅小兰

假设你第一次到恋人的父母家做客，他/她的父母特别喜欢你，还精心准备了饭菜，虽然他们的用心让你受宠若惊，但饭菜却不合胃口，此时的你会选择表达你不喜欢吃，还是选择装作开心地大快朵颐？相信大多数人都会选择第二种反应（给下马威这种特殊情况除外）。吃下第一口饭菜的一瞬间，你掩饰内心的不快，迅速露出笑容，因为只有这

伪装的"笑容"

样反应才是礼貌的、合时宜的,而这种"笑容"就是你表达的伪装表情。"伪装"是有意控制面部表情的一种方式,即用一种虚假表情去掩饰内心的真实情绪感受。例如强颜欢笑,就是通过高兴的面部表情来掩饰内心的悲伤情绪。日常生活中,我们也可能会出于或好或坏的目的,做出"伪装表情"。举个极端的例子,在参加葬礼时,你即使收到中彩票大奖的消息,也不可能哈哈大笑。

那么,当人们想掩饰自己的情绪时,是否能做出完美的伪装表情而不露出蛛丝马迹呢?我们或许可以从以下几个研究中找到这个问题的答案。

1. 眼睛会泄露你的伪装

有研究者通过实证研究考察了不同面部控制条件下的表情特点。该研究要求被试在观看情绪图片(5秒)时在四种控制条件下做出表情,分别为真实、模仿、伪装和抑制。例如,高兴的图片出现时做出高兴表情为真实条件;中性的图片出现时做出高兴表情为模仿条件;悲伤的图片出现时做出高兴表情为伪装条件;高兴的图片出现时不表现出任何高兴表情为抑制条件。结果发现,伪装条件相比真实条件出现更多不一致的表情和更高的眨眼频率,抑制条件下的眨眼频率低于真实条件。也就是说,眼睛或许会"出卖"你的伪装。

2. 泄露持续时间也可能揭示欺骗

随后,研究者又考察了在不同面部控制条件下图片情绪强度与情绪泄露的关系。实验中被试观看不同强度的厌恶、悲伤、恐惧和高兴的图片,并按要求做出表情。结果发现,与低强度条件下的伪装表情相比,高强度条件下伪装表情的上面部和下面部的情绪泄露持续时间更长。在抑制条件下,被试观看高强度的情绪图片比低强度图片时情绪更难隐藏,上面部情绪泄露的可能性更大。此外,恐惧表情的情绪泄露数量最多,高兴表情的情绪泄露数量最少。这也表明了伪装高兴表情的能力高于负性情绪表情。日常生活中,人们可能更倾向于采用高兴表情进行伪装。

用高兴的表情进行伪装

3. 左右脸表情不对称？ 他/她可能在骗你

研究者考察真实、摆拍和伪装情绪表情之间的表情特征差异，并探究在摆拍和伪装时，每种情绪（高兴和悲伤）的表情是否有其独有的特征。研究发现，真实的高兴表情的特征为眼袋、脸颊的上升，嘴角拉升，而摆拍的高兴表情的特征为无眼袋，脸颊和嘴角的上升程度都减弱。对于真实的悲伤表情，特征为眉毛下降、鼻唇沟加深、唇角下降和下巴起皱，而摆拍的悲伤表情特征是仅右侧眉毛下降，鼻唇沟和唇角下降程度都减弱，没有下巴起皱。同时，研究还发现了伪装表情的不对称性，真实情绪的泄露现象出现在左半脸的下面部。简言之，表情的不对称性可能可以给我们提供一些欺骗的线索。

4. 伪装终究只是伪装

有研究考察在高风险情感欺骗中特定面部肌肉的活动。结果发现，人们在欺骗条件中比不欺骗条件更容易出现掩饰性微笑（嘴角上扬）。伪装的凶手试图表现悲伤情绪时，其悲伤表情通常是眉心和眉尾的同步上提，而正常情况下悲伤表情的表现仅为眉心上提。所以，当人们进行欺骗时，即使做出微笑或悲伤表情，也很难表现得很完美。

尽管目前关于伪装表情的研究较少，但综合起来我们可以发现人们很难完美伪装表情，还是会有所泄露的。例如，左右脸表情的不一致、表情持续时间的长短等。这些发现部分支持抑制假说，即一些和情绪相关的面部肌肉动作是无法抑制的,即便做出极大的努力也无法做到。因此,人们在伪装时会泄露出一些线索,这可能为我们去识别欺骗和谎言提供一定的支持和帮助,未来还可以通过人工智能等方法进行自动识别,从而实现伪装表情的有效甄别。

别对我说谎：
人工智能下的微表情分析

李婧婷　王甦菁　傅小兰

　　微表情是一种短暂的、微弱的、无意识的面部微表情,持续时间往往在 0.5 秒内,能够揭示人类试图隐藏的真实情绪。作为谎言识别的重要线索之一,微表情的有效性甚至显著高于言语内容、语音、语调、身体姿势等其他线索,可以被广泛地应用于国家安全、司法实践、临床诊断、学生教育、卫生防疫等领域。例如,微表情可以作为重要线索来帮

微表情

助疫情防控的排查工作，包括甄别人员是否对旅行史、密切接触情况以及发热症状等有所隐瞒。然而由于微表情持续时间短、面部肌肉运动强度低，对其进行准确的表征与识别是一项极具挑战性的任务。

微表情智能分析的研究旨在让机器具备足够的智能，能够从人脸视频序列中识别人类的真实情绪。微表情的智能分析包括检测和识别两个方面。在实际应用中，微表情检测是从一段长视频中把发生微表情的视频片段检测出来，并标注该微表情的起始帧、顶点帧和结束帧。微表情识别是由微表情识别算法对检测到的微表情片段进行情感分类。

近些年，国内外涌现了不少研究微表情的团队，已取得了一些创新性的成果。但迄今为止，关于微表情检测方面的研究要少于微表情识别方面的研究。下面简要介绍微表情智能分析的主要流程。

1. 微表情样本的预处理

在实际应用中，为了让检测与识别的算法能够直接聚焦在人脸区域，微表情样本的智能分析首先需要经过预处理的过程，即人脸裁剪过程。这个过程通常是通过检测人脸区域的特征点，然后基于轮廓特征点，去除图像中人脸以外的无关区域，从而保留用于微表情智能分析的人脸区域。

同样，通过人脸特征点检测，眼睛、眉毛、鼻子和嘴巴这些和人脸表情有关的关键区域可以和相应特征点进行关联，为后续的微表情检测与识别提供有效信息。

2. 微表情的智能检测

由于微表情检测是判定视频中是否存在微表情并且定位其发生时刻的过程,检测算法的质量直接关系到后续处理的有效性。目前已发表的微表情智能检测方法主要包括两种思路,一种是通过比较视频中帧间特征差来检测微表情,另一种是通过机器学习模型学习微表情的特征进而对微表情帧和非微表情帧进行分类。

特征差异法的主要流程是计算时间窗口中每帧之间的差异,通过在整个视频中设置阈值,检测较为明显的脸部运动。这类方法的缺点

人脸特征点扫描

是无法区分微表情和其他类型的面部运动或宏表情,尤其是在长视频中,会发现许多高于阈值的运动,从而导致许多误检。

如今,为了增强检测方法区分微表情与其他面部运动或者表情的能力,基于机器学习/深度学习的微表情检测方法正在兴起。通过利用不同的机器学习模型,微表情的面孔平面特征和时间变化特征可以被学习到,从而实现在视频中对微表情帧与非微表情帧的甄别。但是,当前基于深度学习的微表情检测方法研究受到小样本问题的限制,其性能还无法满足实际场景的应用需求。

3. 微表情的智能识别

与微表情检测不同的是,所有的微表情识别方法都使用机器学习/深度学习进行情感分类。微表情识别方法可以分为两大类:手工特征(机器学习)方法和深度学习方法。两者的主要区别是模型网络是否参与了微表情的特征提取。

在手工特征方法中,算法首先针对微表情进行特征提取,再利用分类器对微表情进行分类。但是,手工提取的特征很难完美地代表微表情的特征,由此训练出来的模型也就无法很好地适应真实场景的需求。

近年来,结合深度学习的微表情识别成为主要趋势,并且其识别率在不断提升。深度神经网络直接参与微表情在面孔平面和时间维度上的特征提取,增强网络针对微表情特征的获取能力,从而提升智能识别算法的性能。

4. 微表情智能分析的挑战

由于微表情的诱发、采集和标定都十分费时费力，微表情的样本量非常小，是典型的小样本问题。近年来，由于计算机硬件的迅速发展，深度学习已经在物体检测、自然语言处理等领域取得了卓越的效果。与人脑具有小样本学习的能力不同，深度学习是从海量数据中学习到关键的特征，因为数据规模越大，涵盖所有的关键特征的可能性就越大。对于微表情这样的小样本问题，深度学习就无法发挥出强劲的实力。此外，微表情样本种类分布严重不均衡的问题也影响了深度学习模型的训练。

目前微表情的研究主要还是在学术领域，而微表情的重要价值在于其在实际生活中的应用，即通过计算机对微表情的检测和识别，使得人们能够在日常生活中识别出微表情并且读懂某种微表情背后的真正含义。相信在工程领域的微表情研究要走的路还有很远。计算机硬件的不断拓展、心理学和计算机科学的交叉互补，必将促进微表情研究的不断深入，使之应用到更广阔的领域，包括测谎、医疗、安全等。

从身体到意识：
探索身体-环境-大脑的认知交互

赵婉莹

雷·库兹韦尔（Ray Kurzweil）在《奇点临近》（*The Singularity Is Near*）一书中从生物与技术角度将人类进化的历史概念分为六个纪元：物理和化学纪元、生物与DNA（脱氧核糖核酸）纪元、大脑纪元、技术纪元、人类智慧与人类技术的结合纪元、宇宙觉醒纪元。雷·库兹韦尔认为，在未来的某个时间，电脑智能与人脑智能的边界将逐渐模糊，甚至不复存在，人类将会成功地逆向设计出人脑。他还大胆地提出，如果能到达这个"奇点"，人的智能与意识可以完全转移到计算机上，那时，人类将能够克服生物进化的限制，死亡也变得毫无意义。

1. 人类能够得到"永生"吗？

在热播剧《西部世界》（*Westworld*）中，阿诺德（Arnold）也在进行着类似的"永生"实验，他的实验包括两个方面。第一个方面是将人类的记忆、思维与意识移植到仿真机器人身上，达到"精神不灭"的状态。这项实验在威廉（William）的岳父提洛（Delos）的身上进行，但是以失败而告终。

第二个方面是日复一日地重复记忆，使得机器人自主创造意识。

在阿诺德看来，机器人最先实现的应该是"记忆"，然后便是下意识的"即兴反应"（如苍蝇飞到脸上时不由自主地拍打，这在纯粹的机器人身上不可能看到），随后便是人类具备的本性——"利己主义"（这时候的机器人基本与人无异，这是人的"本我"，是人类社会的初始形态所具备的），并且从"记忆"到"即兴反应"乃至"利己主义"的因素在于"reveries"，即沉思或者冥想，reveries 出自 20 世纪 70 年代心理学家朱利安·杰恩斯（Julian Jaynes）提出的"二分心智"理论。这一理论认为头脑的右半球负责讲述，左半球负责理解、接受和行为，由 reveries 引起的二分心智的崩溃是意识产生的必经之路。在剧中，reveries 是被福特（Ford）以"手势"（gesture）的形式给所有接待员升级的最新补丁包，也是所有接待员开始不正常行为的源头。

人类是否可以设计出"人工大脑"

那么以感知运动形式存在的手势信息是否如剧中所示会影响到高级的认知加工过程？雷·库兹韦尔或者《西部世界》中的设想是否存在科学依据或者被验证的可能性？

2. 现实中有哪些身体-环境-大脑交互的案例？

先来看一个例子，澳大利亚表演艺术家史帝拉（Stelarc）有三只手，"第三只手"是用电子设备制造的假肢并通过电极与腿部及腹部的重要的肌肉相连，由此"第三只手"就可以接受身体肌肉的信号而做出动作反应，同时，由于控制"第三只手"的肌肉与其他两只手的不同，所以"第三只手"的运动也不受其他两只手的影响。经过一段时间的训练，史帝拉逐渐掌握了如何有效地利用肌肉的信号来控制"第三只手"的运动，而"第三只手"也如同其他两只手一样能自由活动，并且不需要有意识的控制，就像他生来就拥有三只手似的。

在另一个例子中，罗伊·巴卡伊（Roy Bakay）在一个瘫痪多年的人的大脑运动中枢插入了两个电极，这两个电极一方面与运动中枢中的神经相连，另一方面与由电脑控制的游标相连。通过训练，患者逐渐学会将身体的运动信号同游标的移动关联起来，即在头脑中想象着移动身体的不同部分（如胳膊、腿等）会伴随着游标的不同移动，而游标的移动则会伴随着其他的变化，如位置的移动等。经过一段时间的练习，患者逐渐能够在不需要意识努力的情况下控制游标的移动，就如同正常人在移动自己的身体部分（如胳膊、腿等）。

在上面两个例子中,外部的工具通过个体的练习逐渐内化成身体的一部分,接受身体信号的支配并承担一定的功能,改变着个体对自我及外界环境的认识,如盲人头脑中安装的与眼睛相连的电极可以使盲人"看见",个体安装的特殊的装置可以使个体"感受"到远距离的信号,个体还可以通过头脑中的意志对飞机等装置进行控制,等等。这些外部的人工装置好像使个体"延伸"了身体的感觉或运动器官,扩大了个体的认识范围,并"内化"成了个体的一部分。

3. 目前有哪些相关研究和理论?

可以得知,外部的工具可以通过个体的训练而内化为个体的一部

瘫痪患者在电脑的帮助下实现自主移动

分并承担一部分的感知运动功能,进而对更高级的认知活动和适应活动产生影响。或者我们可以假设认知发生并且发展于大脑中的神经连接,但是这种连接是在整合内化了的身体动作的基础上形成的,也就是说,在认知任务,也就是"问题"出现时,个体通过整合大脑和身体的信息并形成"软集合"予以解决,而这种"软集合"就是暂时的神经连接。Han等(2018)发表在《自然》杂志上的一篇文章通过采用高通量的全脑单细胞荧光示踪,给小鼠视觉皮层里的神经元做上绿色荧光的标记,并在显微镜下标注出不同神经元所映射的位置。研究发现,视觉初级皮层里的单个神经元信息可以传递到多个完全不同的区域,并且传递中区域的组合具有高度的有序性。这一研究从神经元的角度阐明了大脑的信息传递模式,为不同通道信息的整合提供了神经基础。

Lambon Ralph等(2017)在《自然》杂志上提出的"多式信息枢纽"假设或许可以解释不同通道信息"软集合"的形成。他们认为,概念是通过整合不同通道的信息形成的,在整合过程中,来自不同通道的信息为概念的形成提供"原料",并储存在一个固定的脑区。概念形成后,对来自不同通道的"原料"的再加工或提取存在自上而下的调节作用。

在以上理论假设的基础上,我们以手势和言语的整合为出发点,试图探求来自身体的感知运动信息对高级的认知活动影响的具体发生过程。在我们第一部分的研究中,通过采用经颅磁刺激技术,我们发现手势信息与言语信息之间的相互影响存在共同的神经基础。我们关于手势和言语信息整合的研究还得到了同行专家的认可,Drijvers和Trujillo(2018)在一篇关于我们文章的评述中就高度评价了我们所做的奠基性研究。

在第二部分的研究中,我们拟结合事件相关电位、功能磁共振成像和非侵入性脑刺激技术继续深入探究在共同的神经基础上,来自身体的感知运动信息与高级的言语信息的整合发生机制,以及能否用计算模型计算并模拟手势的信息量和言语信息量之间的相互作用模式。

通过将认知"延伸"至头脑外的身体,以及探究身体-环境-大脑三者的相互作用过程,或许在未来我们能够模拟认知的发生、发展过程,就如同雷·库兹韦尔所设想的,《西部世界》式的人工智能可以在未来的某一天变为现实。

人类大脑有待更多研究

身体智慧
body intelligence

如果你想知道他人感觉如何，请先关注他面部的临时变化。

—— 保罗·艾克曼
Paul Ekman

第四章
情绪调节篇

听音乐能减压？
要看是什么音乐！

孙丽君

现代人面临着来自工作、家庭各方面的压力,当人们长期处于压力之中时,很容易情绪失控,并引发各种身心健康问题。如何在繁忙的工作生活之余释放内心的压力、轻松前行呢？听音乐是一种不错的减压方式。

中国魏晋诗人阮籍曾道:"乐者,使人精神平和,衰气不入,天地交

听音乐能减压

泰。"可见，自古以来人们就相信音乐对情绪和躯体健康具有特殊的力量。科学研究也表明，聆听音乐可能是人们调节情绪最好的方式之一，它具有缓解紧张和焦虑情绪，帮助身心放松的独特效果。然而，并不是所有的音乐都有减压效果，不适合的音乐甚至会导致压力的产生。那么，什么样的音乐能减压呢？

1. 什么样的音乐能减压？

根据音乐情绪的唤醒水平，可以将音乐分为镇静音乐和刺激音乐。镇静音乐具有"速度慢、音量小、律动性低"的特点，例如，肖邦的《降D大调前奏曲》；而刺激音乐具有"速度快、音量大、律动性强"的特点，例如，贝多芬的钢琴奏鸣曲《热情》。

虽然通常情况下镇静音乐比刺激音乐能够更好地缓解焦虑情绪，但是，事情并非如此简单。研究者做了这样一个实验来考察音乐类型与个体偏好对减压效果的影响。首先，研究者给被试做一些心算测验从而诱发压力。然后，被试通过填写状态焦虑问卷评价自己的紧张感。接着，研究者选取成功诱发压力的被试，将他们随机分为四组，分别聆听偏好的镇静音乐、偏好的刺激音乐、不偏好的镇静音乐以及不偏好的刺激音乐。最后，被试再次完成紧张感测评。

研究结果显示，虽然镇静音乐比刺激音乐在整体上表现出更好的减压效果，但是却受到个体偏好的调节。也就是说，只有当被试聆听非偏好的音乐时，镇静音乐才比刺激音乐具有更大的减压效果。对于偏好的音乐来说，镇静音乐与刺激音乐都具有很好的减压效果。后续研究进一步验证了个体偏好的重要性，发现在音乐减压效果的众多影响因素中，音乐偏好的贡献是最大的。

因此，当我们感到压力大并希望通过音乐调节心情时，无论听古典乐还是摇滚乐都是可行的。重要的是，我们应该尽可能选取我们偏好的音乐，因为只有聆听这类音乐才会最大限度地减轻我们的心理压力。那么，音乐偏好为什么会起到如此重要的作用呢？

2. 偏好的音乐如何起到减压效果？

科学家更关心的问题是，偏好的音乐是如何起到减压效果的，尤其是，当自己喜爱的音乐响起时，我们的大脑究竟会做出怎样的反应。一篇发表在《科学》杂志上的研究借助功能磁共振成像技术，揭示了人们在聆听偏好的音乐时的大脑活动。实验很简单，被试躺在磁共振成像扫描仪中聆听自己喜爱的音乐片段，同时研究者对他们的大脑进行扫描。整个实验包含 60 个时长为 30 秒的音乐片段。被试的任务是在每个音乐片段结束后，做出愿意花多少钱购买的决定。

研究结果显示，人们在聆听音乐时，中脑边缘的纹状体区域被激活。而且，在聆听那些愿意支付更高价格购买的音乐片段时，伏隔核的激活水平更高，伏隔核与听觉皮层、腹内侧前额叶等音乐加工脑区的功能连接也更强。

纹状体与伏隔核是大脑奖赏系统的一部分，对增强生物适应性行为有重要作用。当生物（包括人类在内）的觅食或性等需求得到满足时，大脑的奖赏系统就会激活并释放多巴胺等神经递质，从而获得愉悦感。因此，人们在聆听自己偏好的音乐时，奖赏脑区的激活以及由此诱发的愉悦感可能就是音乐产生减压效果的重要原因。

3. 音乐为什么能诱发和调节情绪？

当你在惊叹音乐具有如此强大的情绪力量时，有没有想过我们如何做到通过音响感知到音乐情绪呢？欣德米特（Hindemith）曾说过："音乐无他，张弛而已。"的确，紧张-放松是音乐最直接的表达。音乐紧张感架起了客观音响与主观体验之间的桥梁，紧张-放松模式的不断交替推动着音乐的发展，是音乐情绪产生的前提和基础。

为了表达音乐作品的情绪，作曲家依据音乐规则，将离散的音符元素组织成复杂的、具有结构组织的声音序列。一方面，力度、速度以及协和性等声学要素能够诱发音乐紧张感。另一方面，音乐结构通过音级/和弦的变换与排列方式还能够诱发具有层级性的紧张-放松模式。已有研究主要聚焦于和声结构（音高维度）诱发的音乐紧张感，发现调性结构中越不稳定的和弦诱发的紧张感越强。即便从未接受过专业音乐训练、对乐理知识一无所知的普通听众也完全可以捕捉到声学变化与和声结构所诱发的紧张感。

音乐在通常情况下都是由音高与时间两个维度的信息交错组织的。我们最新的研究发现，无论音乐家还是非音乐家，他们对节拍结构的大脑响应都快于和声结构。因此,我们可以预期节拍结构是诱发紧张感的重要线索。那么,节拍结构如何诱发紧张感?音高与时间结构如何共同推进音乐紧张感?这些问题都还需要科学家进行更为深入的探索,这将有助于更全面地揭示音乐紧张感的形成与发展,从而回答与音乐情绪诱发机制相关的科学问题。

综上,当你感到焦虑不安、抑郁消沉的时候,不妨试试聆听自己喜爱的音乐,用心感受音乐所传递的紧张与放松,相信奖赏系统的激活一定会给你带来不一样的愉悦体验。在日常学习生活中,我们应该学会减压并快乐地生活。

音乐能让人放松

反刍思维：
为什么事情会变成这样？

陈　骁　严超赣

在生活中，我们常常会遇到一些令人难以释怀的事情，可能是一次和爱人的争吵，一次公共场合的尴尬，或是一次失败的考试。这时我们就可能会反复地去想为什么事情会变成这样，反复去想这些事情本身、它们发生的原因和可能产生的后果，这样的思维模式被称为反刍思维。

遇到不开心的事情，有些人会反复思考为什么会这样

1. 反刍思维概念的提出

反刍思维这一概念是 20 世纪 90 年代由耶鲁大学教授苏珊·诺伦-霍克西玛(Susan Nolen-Hoeksema)博士提出的。一开始，反刍思维是苏珊·诺伦-霍克西玛提出的一系列"反应方式"中的一种。当人们遭遇让他们不开心的事情的时候，有些人可能会倾向于反复地对这些事情进行思考，他们会认为，这种反复的思考能够帮助他们更好地理解这些事情，找到这些事情之所以发生的可能原因，并最终帮助他们更好地应对日后可能会发生的类似情况。听起来反刍思维是一种对人有益的思维模式，但是科学家随后的研究却展现了这一思维模式的另一面。

在 1989 年 10 月 17 日，美国旧金山湾区的洛马普列塔地区发生了 6.9 级地震。这是自 1906 年以来该地区发生的最严重的地震。地震共造成 63 人死亡，3 757 人受伤，成千上万人无家可归。这次地震造成了如此大的破坏，也为心理学家提供了一个考察人们应对灾难事件的方式对他们心理健康的影响的机会：就在这次地震发生的 14 天前，心理学家刚刚使用问卷测量了位于地震所及区域的斯坦福大学的一批大学生的应对方式，其中就包括了他们反刍思维的倾向性。在地震后，心理学家又找回了这些大学生，测量了他们的心理健康水平。结果表明，那些反刍思维倾向越强的人在经历灾难后的抑郁水平越高。这样的发现令人略感意外，因为如果去采访这些当事人，让他们自己去评价反刍思维的话，他们往往会认为这些思考对他们很有帮助。那么，反刍思维对人们心理健康的实际影响是怎样的呢？

2. 反刍思维对人们心理健康的实际影响是怎样的呢？

为了回答这一问题，研究者又设计出了一套任务用来在实验室里引导被试进入可以控制的反刍思维状态。这一任务由一系列的指导语组成，这些指导语是一些问题，要求被试针对自己进行一些深入的思考。这些典型的问题包括"想一想，你觉得自己是一个什么样的人"或者"想一想，为什么事情会变成这样"等。被试还会被引导进入与反刍思维状态完全不同的另一种心理状态，这种心理状态被称作"分心"。在分心状态下，研究者会要求被试尽量生动具体地想象一些具体的事物，例如"想一想，一把大黑伞的样子"或者"想一想，一间教室的典型布置"。分心状态和反刍思维是完全不同的两种心理状态，因此研究者使用分心状态作为与反刍思维状态的对比。研究结果表明，在被引导进入反刍思维状态以后，相比于分心状态，被试的情绪水平更加低落，他们完成认知任务的能力也变差了。虽然被试报告他们觉得反刍思维可以帮助他们找到"解决方案"，但是实际上他们在被引导进入反刍思维状态以后，在面对问题时提出的解决办法的数量反而更少了。更糟的是，就算他们想出了解决办法，在反刍思维状态下他们往往并不采取行动，而是沉浸在自己的思考中无法自拔。

看来反刍思维并不像我们感觉到的那样对我们有所帮助，相反地，这种思维模式还与抑郁情绪紧密关联。尽管反刍思维不是抑郁症的核心症状之一，但是，不论是横向研究还是纵向追踪研究的结果都发现，反刍思维不仅是人们在陷入抑郁情绪以后的常见思维模式，而且喜欢进行反刍思维的人有更高的风险罹患抑郁症。反刍思维是一种非常稳定的特质,这一特质在不同人身上的差别很大。有趣的是,研究者发现,女性的反刍思维倾向一般要比男性更强。在很多案例中,妻子与丈夫发生争吵后,妻子还在思前想后时,丈夫早已呼呼大睡去了,这也是生活中常常观察到的现象。那么,为什么一些人比其他人更加倾向于进行反刍思维呢?这一思维模式背后的机制是什么?

3. 反刍思维模式背后的机制是什么?

要回答这个问题,恐怕需要从反刍思维的脑机制着手。在这个问题上,功能磁共振成像技术近年来成了研究者探究各种心理过程背后

反刍思维状态下,人们情绪更低落

的脑机制的得力技术。借助这种技术,研究者得以实时地观察到当人们在进行某种心理活动时大脑的哪些区域更为活跃,也可以看到这些脑区之间是如何互相作用的。类似于我们之前提到的方法,研究人员也使用类似的问题来引导被试在功能磁共振成像扫描仪内一边接受扫描一边进行反刍思维,或者进行分心,随后通过对比这两种条件下脑活动的不同来探究与反刍思维密切相关的脑区。例如,在一项研究中,研究者使用指导语分别引导健康人和抑郁症患者在接受功能磁共振成像扫描仪扫描时进行反刍思维或分心,结果表明,无论是健康人还是抑郁症患者,他们在进行反刍思维时大脑中线的两个脑区——内侧前额叶和后侧扣带回的活动相较于分心状态下的活动都显著升高。内侧前额叶一般被认为负责与自我相关的心理活动,当人们对自己进行评价时,这个脑区就会更加活跃;而后侧扣带回则被认为和自传体记忆的加工有关,也就是当人们回忆起过去发生在自己身上的事情时,这个脑区就会更加活跃。这些研究结果提示,反刍思维背后的脑机制也许与负责自我相关心理过程以及自传体记忆加工的脑区有关。

该研究中,当被试进行两种类型的反刍思维(体验型和分析型)时,大脑中线的两个脑区——内侧前额叶和后侧扣带回显著比分心状态时更活跃。

已有研究很少对不同脑区之间的交互与反刍思维之间的关系进行探讨,这主要受制于传统的反刍思维研究范式和分析方法的局限性。最近,中国科学院心理研究所严超赣研究团队使用介于传统的任务态和静息态之间的"反刍思维状态"任务对反刍思维状态下不同脑区之间的交互作用进行了探究。结果表明,在反刍思维状态下,被试相较于分心状态时内侧前额叶和后侧扣带回与内侧颞叶之间的功能连接显著增强,体现了这些脑区之间在反刍思维状态时更加紧密的相互联系。如上文所说,内侧前额叶和后侧扣带回分别是负责自我相关心理过程和自传体记忆加工的脑区。内侧颞叶和对过去以及未来的场景构建有关,也是产生自发思维的脑区。这些脑区之间更加紧密的交互也许反映了反刍思维的产生机制:内侧前额叶和后侧扣带回对内侧颞叶所产生的思维的过度抑制。

4. 为何女性相比于男性更倾向于进行反刍思维?

这里可以顺便回答为何女性相比于男性更倾向于进行反刍思维。研究者发现,在静息状态下,女性后侧扣带回的活动比男性更强,这在来自全世界的多个数据集和许多静息态脑功能磁共振指标上都有体现。也许女性后侧扣带回的活动更强,一方面使得她们更倾向于让自己的思维指向内部,另一方面也使得她们的思维内容更容易局限在一些狭小的主题内,产生更多的反刍思维。

5. 有可能对反刍思维模式进行干预吗?

对反刍思维模式背后的脑机制的探讨使得对这种思维模式的干预成为可能。尽管已有针对反刍思维的认知干预方法,但是这种干预的效果似乎并不理想。借助近年来兴起的经颅电刺激、经颅磁刺激等方法,针对反刍思维模式的关键脑区进行调控,也许可以更好地帮助深陷这种思维模式的人更快、更好地摆脱它造成的困扰。

　　古人说，"吾日三省吾身""三思而后行"。这说明对自我的反省在合适的范围内是一种帮助人成长的、有益的思考方式。然而，凡事都有一个度，这种思考一旦过度，也会成为破坏人的心理健康的帮凶。就像佛教中说的"妄念""执念"一起，顿生无穷烦恼，道理虽然简单，但想要放下执念却不是一件那么容易的事情。现代认知神经科学为这个问题提供了一个全新的理解视角，对反刍思维的认知神经机制的揭示以及结合新一代的认知调控技术，也许有一天能够使人们更加容易地摆脱反刍思维模式的困扰，获得更加幸福快乐的生活。

"内固精神,外示安逸":
身心训练,你了解多少?

张 澍 魏高峡

身心训练是替代医学中重要的技术手段,主要包括太极拳、正念、冥想、瑜伽和气功等形式。近年来,越来越多的研究表明,身心训练不仅有利于我们的身体健康,而且对大脑的发育和健康促进也具有不可小觑的作用。

1. "身心同修":身心训练与健康

随着现代化技术的飞速发展,快节奏的生活方式给我们带来了或多或少的压力。虽说"压力即动力",但大部分人却遭受着压力的折磨,出现焦虑、抑郁等情绪问题,同时还可能会出现睡眠紊乱、免疫力低下以及心脑血管等身体疾病。如何应对压力,化"悲痛"为"力量"呢?或许你可以尝试一下腹式呼吸、冥想这些形式简单的身心训练技术,它们可能会成为你前进路上得力的情绪"调节剂"。

腹式呼吸是身心训练中最容易掌握的技术,也被证实能有效调节自主神经系统的活动,改善情绪状态。为了探讨腹式呼吸训练对情绪的改善作用,中国科学院心理研究所魏高峡副研究员及其团队采用了情绪问卷等行为学测试工具,同时采集唾液皮质醇(一种类固醇激素,在压力等负性情绪状态下释放)作为评价压力的客观指标,结果发现,20次腹式呼吸训练(15分钟/次)显著降低了练习者的负性情绪,且唾液皮质醇浓度显著低于对照组。该结果提示,腹式呼吸作为身心训练的一种方式,可以显著地改善练习者的负性情绪,降低压力水平。

冥想是另外一种身心训练方式,它可以通过让人保持注意,提高警觉意识状态来促进问题解决。研究表明,5次正念冥想训练(每次20～30分钟)可以提高注意力,增进积极情绪和多种认知任务(包括创造力、工作记忆、冲突解决和学习能力等)的表现,另外,还可以帮助个体将注意力集中在所需要关注的对象上,避免分心物的干扰。因此,冥想不仅可以作为情绪状态的"保鲜剂",同样还是我们高效开展认知活动和解决问题的"好助手"。

冥想有助于调节情绪

2. "心为令,气为旗,神为主帅,身为驱使":身心训练与脑

太极拳具有悠久的历史,是中国传统身心锻炼的形式之一,被联合国教科文组织列入人类非物质文化遗产代表作名录。越来越多的研究表明,太极拳不仅有利于身心健康,改善情绪和生活质量,还对大脑的结构和功能优化具有积极的作用。

为了探究太极拳训练是否可以增进我们的大脑健康,中国科学院心理研究所魏高峡副研究员及其团队采用注意网络测试对 22 名太极拳专家(52±6 岁)进行磁共振成像扫描,发现与正常对照组相比,太极

太极拳有益于身心健康

拳组在注意网络测试任务中的反应更迅速,并且太极拳专家大脑右半球的中央前回、额中沟等脑区的灰质皮层更厚。另外,对太极拳专家的静息态脑功能磁共振成像研究也发现,与对照组相比,他们的右侧中央后回表现出更大的功能同质性,但在左侧前扣带皮层和右侧的背外侧前额叶皮质表现出较小的功能同质性,有趣的是,左侧降低的前扣带皮层功能一致性和右侧提高的背外侧前额叶皮质功能一致性,均良好地预测了参加者在注意网络测试任务上的良好表现。此外,在脑网络大尺度功能连接上,功能磁共振成像研究表明,默认网络的低频振荡振幅与太极拳专家的打拳年限呈显著相关关系,而额顶网络的低频振荡振幅与太极拳专家在冲突任务中更好的控制能力相关。以上证据表明,长期的太极拳训练对大脑区域性结构和功能都具有改善作用。

我国传统的气功训练同样具有改善大脑功能和认知能力的作用。近期,使用近红外光谱技术的研究发现,历时8周的八段锦训练(90分钟/次,5次/周)不仅可以改善年轻人的消极情绪,提高其在认知操作任务中的表现,还在冲突任务条件下观察到其左侧前额叶皮层中的氧合血红蛋白增加。这表明,8周的八段锦训练不仅有利于改善年轻人的情绪状态、提高认知能力,还能显著促进了其大脑的自身调节能力。

3. 全民健身,共筑美好未来

身心训练不仅对成人和老年人的健康发挥着积极的作用,同样适用于儿童、慢性病患者以及经前期综合征女性。

孤独症儿童的情绪容易受到环境变化的影响,常常表现出脾气暴躁、大喊大叫等过激行为,并伴随着学习困难等问题。研究者针对 46 名孤独症儿童采用中国传统的静坐式身心训练(内养功)的研究发现,与不练习内养功的控制组相比,练习 4 周(2 次/周)内养功的孤独症儿童表现出显著的自我控制的提高,并且这种提高与其父母报告的自闭行为的减少相关;脑电图分析发现,实验组的儿童在与自我控制相关的前扣带皮层表现出更高强度的脑活动。另外,瑜伽对经前期综合征具有改善作用,Cramer 等的研究表明,短期的瑜伽运动可以缓解患有经前期综合征的妇女的症状,使她们感觉更好,并能够保持更高的注意力水平。

由此可见,身心训练对正常人群的心理健康促进,以及在疾病患者人群的疾病预防和治疗干预上,均显示出积极的效果。另外,因为其形式灵活方便,无运动场地和设备的要求,加之对身体活动的强度要求较低,几乎适用于所有年龄段的人群。未来,政府层面也应加强身心训练这种锻炼方式的宣传,使之更广泛地应用于社区、医院、学校等机构,让身心训练成为中国民众提高压力应对能力,减缓衰老,改善情绪障碍,具有普适意义的调节手段,让全民拥有更为健康的生活方式。

呼吸放松：
冥想对我们的大脑做了什么？

沈杨千　严超赣

很久以前，"冥想"这个词似乎只出现在禅师、心理治疗师以及瑜伽爱好者的口中，但是现在却被越来越多的人所了解和接受，甚至成为新的生活方式和放松方式。人们通过冥想来放松肌肉、调整情绪以及内观自我，从而达到平静和满足的状态。那么，什么是冥想？冥想背后又有什么样的心理机制？我们已知的大脑活动如何去解释冥想给我们带来的行为和心态的改变？

1. 什么是冥想？ 冥想背后有什么样的心理机制？

首先，冥想的时候，我们可能会产生各种心理活动。大多数的冥想方式，以正念冥想为代表，都会有调整注意力的心理活动，例如将注意力放在当下，觉察自己的意识流动，或者将注意力放在呼吸节奏上。还有一些冥想方式，例如慈爱与慈悲冥想，会侧重于鼓励练习者以主观上的博爱之心和同理心来加工过去的经历和感受，从而得到一种精神上的释然或者满足。但不论是哪种冥想方式，他们都有着一些共同的特质，如帮助练习者进行呼吸放松和情绪调节，注重当下状态的自我观察，以及进行非批判性的自我意识训练。其次，这些心理活动随着练习者的反复训练和加工,会逐渐体现在人们的行为方式中,成为一个相对稳定的状态。这也是为什么我们常常会发现练习冥想的人脾气比较好,心态比较平和,也容易拥有稳定的情绪。

2. 冥想为什么能给我们带来行为和心态上的改变?

作为人类行为反应的基础,大脑扮演着至关重要的角色。随着脑成像技术的发展,人们越来越多地探知到冥想训练可能给大脑结构带来改变。Fox 团队对冥想引起大脑结构改变的研究进行综述后得出结论,额叶皮质、感觉皮质、岛叶、海马、前扣带、中扣带和胼胝体等脑区的结构会因为冥想训练而发生改变。这些脑结构中很多被认为与人类的

练习冥想的人容易拥有稳定的情绪

自我参照(self-referential)意识有关。也就是说,冥想训练会干预人类认识与自我和他人相关的认知心理过程。

当然,大脑在结构上的改变是需要相应的练习来实现的。大脑的功能活动的变化也可以解释人们的心理活动和行为。这也可以解答为什么很多人只是短时间内进行了相应的冥想练习,就会感觉到状态的不同。科学研究证明,人类的心理活动和行为会与某些特定的大脑皮层有关,也因此,人类的大脑皮层被分为了各种功能区域,如语言皮层、执行控制皮层、运动皮层等。当我们在进行某一行为或者某种心理活动时,相应的大脑皮层区域会随着我们的行为或心理活动产生激活/负激活效应。行为和心理活动的反复进行会对大脑相关皮层的功能产生一定的影响。Fox 团队对冥想影响大脑功能激活的研究也做过一个综述,证明岛叶的神经活动会受到冥想练习的影响而变得更为活跃。岛叶被认为是我们进行内在感受加工和调动同理心的重要脑区,它与冥想活动中经常涉及的内在感知和注意力察觉密不可分。

除了从大脑结构和大脑功能区域激活两个角度来解释冥想活动,另一个更加新颖,也越来越受到广泛关注的角度是大脑脑网络的功能连接,这一角度正在被用来理解冥想背后的神经活动。我们之前提到,大脑因为功能的差异被分为不同的区域。由于这些区域在某些大方向功能上的一致性,很多学者又进一步将大脑整合划分成几个大规模脑网络。其中,Yeo 的七网络模型受到了脑科学研究领域的诸多认可和实践。基于 Yeo 的模型,大脑皮层共分为默认网络、额顶控制网络、视觉网络、躯体运动网络、背侧注意网络、腹侧注意网络和边缘系统等七个脑网络。在我们产生行为或心理活动时,这些脑网络被认为存在着某些耦合或者解耦的关系,也就是指两个或两个以上的区域间通过相互作用而彼此影响以至联合起来或者反联合起来的现象。在大脑神经活动中,我们称之为功能连接。

中国科学院心理研究所严超赣研究团队对冥想相关的脑功能研究进行了荟萃分析,发现冥想会增强我们大脑默认网络和额顶控制网络的功能连接。默认网络一般被认为参与人们内在意识和自我参照意识的神经活动。额顶控制网络一般代表着大脑对意识觉察和认知控制的功能。这两个脑网络的连接增强可能意味着,冥想活动在一定程度上能帮助我们将控制认知的焦点放在自我的个体感受上,屏蔽掉外界的

冥想会影响大脑网络的功能连接

干扰，从而更加专心于内在自我意识的加工过程。在这个过程中，我们的注意力在很大程度上会被认知功能控制，因此，是否注意网络也会发生些许功能连接上的变化呢？答案是肯定的。受到冥想活动的影响，腹侧注意网络也被发现与默认网络的功能连接加强，这一发现恰好可以验证冥想活动的一个核心目标，那就是将注意力控制在当下的自我意识觉察上。默认网络除了作为一个与其他网络之间产生相互配合作用的角色，它的内部活动也有着至关重要的意义。严超赣研究团队进一步发现，受到冥想活动的影响，默认网络的内部功能连接会呈现减弱的状态，并且这一神经活动现象会随着冥想经历的增加而增强，也就是说，有着越多冥想体验的人，他们的默认网络内部功能连接会更弱。那么，减弱了的默认网络内部功能连接意味着什么呢？这里可能需要介绍默认网络的一个核心脑区——后扣带回。很多研究表明，在各种需要外部注意力要求的行为任务或者心理活动中，后扣带回会相对失活，也就是负激活。而在检索自我记忆和进行自我评价相关的心理活动中，会发现后扣带回被正激活的现象。也因此，后扣带回被认为在维持个人内部导向和评价的认知活动方面起着重要作用。但是，冥想训练的重点是调节自我意识，脱离自我参照思维，并且保持一种聚焦当下的非评价和非判断的立场。因此，以后扣带回为代表的默认网络内部功能连接受到冥想活动的影响而有所降低也是可以理解的。这种默认网络内部功能连接的降低在一定程度上帮助着冥想训练者更加容易关注当前时刻，觉察个体内在活动，以及维持中立非批判的状态。

当然，目前我们关于冥想对大脑活动的影响的理解仍然有限，也需要越来越多的科学验证和进一步探索。随着科学技术的进步和理论的验证，我们相信，有关冥想背后大脑神经活动的层层神秘面纱终将被揭开。

心痛的科学：
为什么被分手会让人心痛？

林校民／孔亚卓研究组

著名导演伍迪·艾伦（Woody Allen）在回忆过去时说道："大多数的人际关系都伴有一定程度的痛苦。"他并不是指人际关系会让人受到身体上的伤害（例如朋友不小心把你撞倒导致你扭伤了胳膊），而是指一种心理上的疼痛。

不同于受到外伤导致的生理性疼痛，心理性疼痛（又称社会性疼痛）是一种在心理层面、由非物质因素引起的不愉快的感觉。例如，当你回忆起一些负面的事件——亲人离世、与亲密对象分手、受到来自他人的歧视时，你可能会体验到一定的疼痛感受。心理学家盖伊·温奇（Guy Winch）博士指出，生理性疼痛通常不会留下回声，而心理性疼痛会留下许多提醒、联想和触发因素，当我们再次遇到这些因素时，它们会重新激起我们的疼痛感受。结合过去的生活经验我们也不难发现，即使自认为提及也再无涟漪、相见也心生坦然，但当我们看到前任的照片、回忆起被拒绝的场景时，也还是会感觉"胸口像被打了一拳一样"。那么，我们到底为什么会在失去、被拒绝或被歧视时感受到疼痛呢？

1. 什么是疼痛?

如果手指被针扎到,你的反应多半是缩手,喊一声:"痛啊!"那么,疼痛的感觉是怎样在身体内传递的?

在人类皮肤、肌肉、关节等处有很多痛觉的外周伤害感受器,在机体受到一些物理、化学或炎症刺激后会产生疼痛信号。这些信号通过传入神经向上传输至脊髓背角,并在这里进行初步的信息整合。

整合后的信号一方面作用于腹角运动细胞,引起局部的防御性反应;另一方面则通过脊髓-丘脑束、脊髓-脑干束,将疼痛信号向上传递到丘脑等部位。在这些部位,信号会被进一步整合,整合的信息会被投射

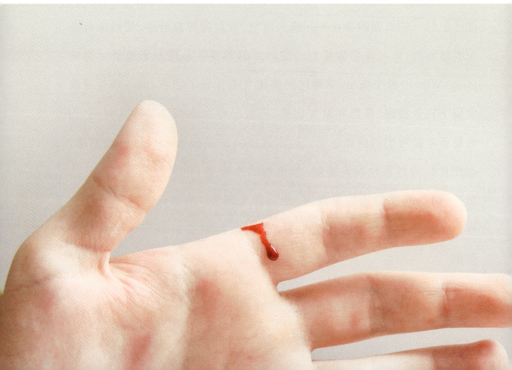

手指被针扎到后,疼痛在身体内传递

到大脑高级皮层,如初级感觉皮层、次级感觉皮层、背侧前扣带皮层、背外侧前额叶皮层,以及前岛叶和其他与疼痛相关的大脑区域,于是就产生了疼痛的感觉以及与之相伴随的情绪反应。疼痛的传导和感知会受到注意力、情绪和其他认知因素的影响,这意味着心理因素也会影响疼痛的感受。

2. 生理性疼痛和心理性疼痛的神经回路重叠

尽管从表面上来看,被针扎到和被分手后再看到前任的照片会产生不同类型的疼痛,但研究表明,生理性疼痛和心理性疼痛的体验之间存在大量的神经回路重叠。

一项发表在《美国国家科学院院刊》上的研究发现,当人们看到前任的照片时,在他们大脑中某些区域发生的变化,和他们对急性疼痛的反应似乎是相似的。在这项研究里,研究者招募了40名在过去6个月内有过分手经历的参与者,这些参与者表示分手经历给他们带来了强烈的被拒绝感。每个参与者在研究中都完成了两项任务:一项与心理性疼痛有关,另一项与生理性疼痛有关。在心理性疼痛的任务中,参与者要么注视他们前任的照片并思考他们对分手的感受,要么注视他们朋友的照片并回忆友谊中的积极经历。而在生理性疼痛任务中,参与者左前臂上被放置了一个传递热刺激的探头来诱发身体疼痛。同时,研究者使用功能磁共振成像技术来记录所有参与者在进行任务时的大脑活动。

结果发现,当参与者注视前任的照片时,这种心理性疼痛的感受会激活大脑中与生理性疼痛有关的区域。具体来说,心理性疼痛和生理性疼痛同时激活了两个与情绪有关的脑区(背侧前扣带回和前岛叶)和两个与情绪无关的脑区(次级躯体感觉皮层和背侧后岛叶)。该结果让研究者更深入地了解到,心理性疼痛是一种与生理性疼痛有许多相同机制的内在感受,因而心理性疼痛可能代表一种与生理性疼痛相似的独特情感体验。就你的大脑而言,一颗受伤的心和一只被烫伤的手臂可能没有太大的区别。

自从达尔文的开创性著作《人与动物的情感表达》(*The Expression of the Emotions in Man and Animals*)出版以来,心理学家将情绪视为进化的适应性手段,为生存和繁殖提供了优势。从进化的角度来说,我

心理性疼痛也会导致大脑某些区域发生变化

们从被拒绝的经历中感受到疼痛或许是帮助人类生存的一部分。例如,当我们不小心触碰到滚烫的开水壶时,感到疼痛会使我们本能地缩手。这样,疼痛作为一个信号会帮助我们避免类似的情况再次发生。而在几十万年前,当远古人类以小型游牧部落为生时,他们的生存需要一种联系更加紧密的社会网络,被部落拒绝或排斥将导致个体的生存概率降低。因此,那些对拒绝更敏感,并且更有可能在被排斥前做出相应行为改变的个体,将有更大的生存繁殖的可能性。最终,DNA跨越数十万年的时间为这些和疼痛有关的情绪与感观赋予了独特的名字:心理性疼痛。因此,几千年后的今天,我们作为那些远古人类的后代,展示出独特的生理性疼痛和心理性疼痛重叠的神经特征。

3. 心理性疼痛与生理性疼痛的纵横交错

更加有趣的是,心理性疼痛会影响对生理性疼痛的感知。最近,一项研究招募了33名健康女性参与者,并使用任务态脑功能磁共振成像技术探寻了当女性观看性别歧视性图片后经历热痛时大脑的活动变化,即直接观察到心理性疼痛(即性别歧视)是如何直接影响大脑对生理性疼痛的反应的。

同样地,改变生理性疼痛的水平对心理性疼痛也有类似的影响。过去的研究发现,外周和中枢神经系统的炎症反应在病理性疼痛状态的发展和持续中起到关键作用。炎症活动不仅会增加疼痛的敏感性,还会增加个体对心理性疼痛的评分。同时,在此过程中,心理性疼痛的关键脑区背侧前扣带皮层和前岛叶也表现出活动增加。对乙酰氨基酚为临床中常用的镇痛药物,是一种通过中枢(而不是外周)神经机制起作用的物理疼痛抑制剂。一项研究证明,使用对乙酰氨基酚药物可以显著降低个体对心理性疼痛的评分,以及减弱经历心理性疼痛事件时的背侧前扣带皮层和前岛叶的活动。

所以,如果生理性疼痛和心理性疼痛具有相似的神经特征,那我们为什么不直接服用对乙酰氨基酚药物来缓解心痛呢?实际上,在某些镇痛药物已被证实存在如呼吸抑制、成瘾、效果减退等各种副作用的背景下,这项研究并不是为了推广应用药物作为生理性或心理性疼痛的镇痛手段,而是再次强调人类在进化的过程中选择使用相似的神经特征来感知生理性疼痛和心理性疼痛。尽管阿片类药物在急性疼痛(例如围手术期)和癌症疼痛中的临床应用是无可争议的,但越来越多的研究者否定了它们在慢性疼痛和心理性疼痛治疗中的实用价值。

4. 为什么要研究心理性疼痛?

诗人陈年喜曾写道:"病痛可以让人像摘下身上某个器官一样摘下尊严"。在生活中,我们难以躲避痛苦,但不等于纵容其发展是必要的。大多数人都知道忽视身体上的疼痛是非常危险的,但心理性疼痛同样不容忽视。人们可能会本能地认为前者更重要。毕竟,身体上的疼痛很容易被发现,并且可以根据不同的病因或部位对症用药。然而,当你观看一些黑帮电影时,会发现黑帮总是去威胁和伤害他们的对手的亲人,而不是他们的对手本人,这正是因为他们认识到在某些情况下心理性疼痛比生理性疼痛更加糟糕。

实际上,心理性疼痛的经历比生理性疼痛的经历更能长久地影响人们的心理健康和认知功能。你可能不会记得自己在10年前的某次意外中扭伤胳膊的感觉,但从小受到欺凌的孩子长大后可能会成为内向并且缺乏自信的人,而从小生活在恐惧中的孩子可能会发展为慢性焦虑。过去和现在的心理性疼痛经历,都会悄悄地进入我们的潜意识并在那里"定居",进而在遇到类似场景时引起疼痛感受。更糟糕的是,心理性疼痛会使我们对生理性疼痛的感知发生变化,就像刚刚经历分手后剧烈的头痛使人夜不能寐一样。那么情绪上的痛苦究竟是如何影响我们的行为的?我们是否能在此过程中学到什么用于未来的临床镇痛方法?这是未来研究者需要回答的问题。

遭遇欺凌会长久地影响个体的心理健康与认知功能

5. 关于痛的领悟

对我们大多数人来说,疼痛贯穿我们生命的始末。从我们呱呱坠地"折磨"母亲后,疼痛就再也不肯放过我们,疼痛时不时在我们的身体里"钻"出来提醒我们它的存在。我们有很多与痛相关的经历:头痛得如同山崩地裂、青筋暴起,牙疼得面色惨白、面容扭曲,手臂受伤时痛得撕心裂肺、嘴唇哆嗦……更别提那些被分手的时刻,彻夜难眠,仿佛被无数把利剑贯穿身体,受到像凌迟一样的酷刑,却倒在没有血泊的痛苦中。

假如未来的某一天,有人给你一颗"药丸",并告诉你吞下它之后你就再也感受不到疼,你是否愿意付出代价来交换它呢?

重拾活力：
赶走抑郁症这条"黑狗"

严超赣

丘吉尔有一句名言："心中的抑郁就像只黑狗，一有机会就咬住我不放。"此后，那条纠缠过并还在纠缠很多很多人的"黑狗"，便被广泛地用来指代重性抑郁障碍，一般称抑郁症。

1. "黑狗"肆虐：抑郁症已成为全球性健康危机

现在我们在新闻和自媒体推送中经常看到很多关于抑郁症自杀的报道，一个又一个生命的逝去给我们带来了惨痛的教训。而历史上，除了政治家丘吉尔，还有科学家达尔文、好莱坞明星玛丽莲·梦露和我国作家三毛等诸多公众人物都曾饱受抑郁症这只"黑狗"的折磨。

如今，被称作"黑狗"的抑郁症已经成为一场全球性健康危机。根据世界卫生组织2020年的统计数据，全球有3亿名抑郁症患者；2019年中国精神卫生调查研究报告显示，我国抑郁症的终身患病率为3.4%；据估算，中国每年因抑郁症造成的经济损失高达494亿元。

抑郁症是最常见、全年龄段疾病负担最重的精神疾病之一，还可能产生自杀的严重后果。面对如此庞大的抑郁症患者群体，我们十分希望找到一些良方来治疗抑郁症。

2. "黑狗"的端倪：抑郁症的表现有哪些

在医学上，目前对于抑郁症的诊断缺少客观的生物标志物，也就是说我们不能像诊断肝炎和肺炎那样，通过验血或是对身体某个部位的扫描就可以对抑郁症进行精准的诊断和分型。尽管抑郁症这只"黑狗"如此隐匿而狡猾，但它仍然露出了很多端倪。比如有的患者存在早醒的睡眠问题，有自杀的意念，食欲也不好；有的患者表现为认知障碍，如注意力无法集中；有的患者精神兴奋或迟滞，有抑郁情绪，或者非常疲劳，做任何事情都没有快乐的感觉。

抑郁症患者存在情绪问题

请警惕以上出现在工作和生活中的种种表现，因为它们都有可能是抑郁症的具体症状。

目前，精神科医生通常通过问询患者有哪些临床表现来对抑郁症进行诊断。专业的医生会考虑患者是否在连续 2 周的时间内出现如下症状表现中的五项以上症状（前两项核心症状至少含有一项），从而确定患者是否真的患上了抑郁症。

精神科医生经常问询的症状包括：

情绪低落，心境抑郁；

兴趣减退，愉悦感丧失；

体重显著减少或增加；

失眠或者睡眠过多；

精神运动性激越或迟滞；

感到疲劳，缺乏精力；

感到自己没有价值，或者自罪自贬；

注意力和思考能力下降，做决定时犹豫不决；

有自杀念头、自杀计划或自杀行为。

当然，如果我们在平时的生活中也表现出了上述症状，我们也可以从网上查询一些抑郁自评量表（如贝克抑郁量表），通过回答一系列关于日常表现的问题了解自己的心理健康状况。

3. "黑狗"的病因：寻找抑郁症的病因与其神经科学基础

抑郁症的病因到现在依然不是那么清楚，我们不能准确地说出一个人为什么会患上抑郁症。现代科学发现，导致抑郁症的可能因素有很多，包括遗传因素、神经生物学因素和心理社会因素等，而这几种因素通常会共同存在于一位抑郁症患者身上并且相互作用。其中抑郁症的遗传度为 30%～40%，并没有达到双相情感障碍和精神分裂症的遗传水平，但遗传对抑郁症的发病依然具有影响。

另外，导致抑郁症的心理社会因素也不容忽视，例如负性生活事件、早期童年经历、生活状况和社会支持等因素都可能和抑郁症有关。患上抑郁症的人可能存在较大的个体差异，例如不是所有的抑郁症患者都经历过重大的负性生活事件。所以，抑郁症作为一种"精神"疾病，病因相对复杂，不像一般的"身体"疾病的病因那样明确。目前有很多的科学研究同样聚焦于在生物学水平上寻找抑郁症的病因，进而寻找治疗抑郁症的"特效药"。

在抑郁症的诸多病因中，即使是心理社会因素，也有其神经生物学基础。而能否利用功能磁共振成像等现代科学技术获得神经生物学指标，并将此作为一种更为客观的医学指标，恰恰是目前抑郁症的临床诊断和治疗中需要突破的。本文介绍的科学研究着重关注抑郁症的脑神经基础，研究者试图更加客观、精准地确定抑郁症的生物标志物，找到这只狡猾的"黑狗"的真正病因，从而更好地服务于抑郁症的临床诊疗。

(1) 遗传因素

关于抑郁症病因的遗传因素，研究者进行的相关研究有家系研究、双生子研究、分子遗传学研究等。例如在家系研究中，著名作家海明威的家族就有一个"自杀魔咒"：

29岁的海明威刚刚开始其文学生涯时，他的父亲就自杀身亡。

1961年，海明威将一只陪他走遍世界的双筒猎枪伸进嘴里，扳动了扳机。

在海明威去世5年之后，他的妹妹身患癌症和抑郁症，服药自杀。

抑郁症可能与遗传有关

1982年,海明威唯一的兄弟举枪自尽。

1996年,海明威的长孙女玛歌斯服毒自杀,那天恰恰是海明威的忌日。

海明威的父亲、妹妹、兄弟、孙女和他自己全部死于自杀。这就像一个中了"魔咒"的"自杀家族",而追问其科学原因,很可能是海明威的家族基因中含有抑郁症的病因。

(2) 神经生物学因素

关于抑郁症病因的神经生物学因素,神经科学研究主要关注大脑中神经递质的异常和脑网络的异常。

那么抑郁症患者大脑中的神经递质有什么异常呢?现在一个非常流行的假说是神经递质假说。神经递质假说的直接证据是一类通过神经递质起作用的抗抑郁药物。这类药物的发现过程很神奇,它们最初并非针对抑郁症人为设计出来的,而是人们偶然发现一些抑郁症患者吃了这类药物之后病情逐渐好转,于是这类药物的作用机制便被科学家拿来研究,又逐渐根据其机制设计新的药物。

为了搞清楚神经递质假说,我们先来了解一下大脑中神经细胞的工作过程。我们知道大脑中神经信号的传递是通过神经元完成的。那么在两个相连的神经元之间,前一个神经元的电信号要传递到后一个神经元,具体是怎么传递过去的呢?

前后两个神经元连接的地方叫突触间隙。前一个神经元胞体里面含有很多囊泡,囊泡里面存储着很多神经递质。前一个神经元在收到神经电信号后就会把内部的囊泡运到表面,然后把里面的神经递质释放到突触间隙的位置。接着后一个神经元表面有一些受体,这些受体接收神经递质,然后产生新的神经电信号,再往下一个神经元继续传递。

这是神经元之间正常的信号传递过程。而在神经递质假说中,抑郁症患者存在着神经递质的传递异常,如常见的神经递质 5-羟色胺的传递异常。抑郁症患者神经元释放到突触间隙中的神经递质 5-羟色胺是少于正常水平的,突触间隙中神经递质浓度降低,就会导致神经信号的传递减弱。

而后一个神经元长期接收不到足够多的神经递质,就会在表面长出更多的受体去试图接收更多的神经递质。然而由于突触间隙中神经递质的浓度较低,神经信号还是无法正常传递。

这就是基于大脑神经递质水平的一种抑郁症假说,后文我们会进一步介绍药物是怎么通过影响神经递质的传递来减轻抑郁症患者的症状的。

以上是在细胞层面对于抑郁症病因的解释,而我们还开展了相关研究,从大脑网络层面来阐释抑郁症的病因。

人的大脑网络中包括一个称作默认网络的脑网络,它无时无刻不在运转,是大脑中消耗能量最多的网络。我们在说话、计算、做运动的时候,大脑消耗的能量都会增加,但更大一部分能量都是由默认网络消耗的。

默认网络和一种名为反刍思维的心理机制紧密相关。反刍思维是对过去的悲伤事件本身及其后果和原因的反复咀嚼，比如抑郁症患者就会经常想，"为什么这种事情偏偏发生在我身上""为什么总是我这么倒霉"，等等。其实，他们自己知道不要这样想，别人也告诉他们不要想那些不好的事情，多想一些开心的事情，但是他们的大脑陷入了一种循环状态，在反刍思维中无法自拔。

研究者曾尝试寻找反刍思维的大脑生理机制，发现和正常人相比，抑郁症患者大脑的默认网络存在功能连接异常，这可能让他们更容易陷入反刍思维中。

(3) 心理社会因素

关于抑郁症病因的心理社会因素，我们主要研究早期不良抚育导致抑郁样行为的神经基础，也就是说，如果个体小时候受到了虐待或者成长环境不好，会对个体大脑的发育产生什么影响。

我们对大鼠进行了研究。动物研究的一个优势是实验者可以对大鼠进行操纵。我们让大鼠在童年期经历一些虐待行为，童年期受虐组大鼠会在成年期表现出比正常组大鼠更多的抑郁样行为，包括在糖水偏好实验里不爱喝糖水了，在强迫游泳实验里很快地放弃，在三箱社交实验里就像抑郁症患者一样有很多的社交退缩行为。

当然，在我们关注的大脑活动上，受虐组大鼠的大脑早期发育甚至比普通组更快，但是后期发育就会停滞，无法赶上正常组的发育。而脑中情绪调节环路停止发育与受虐组大鼠抑郁样行为有关。这就是领域内的早熟假说,即"穷人的孩子早当家"。如果在童年期受到了创伤,大脑容易过早成熟,但是大脑的发育在后期会变缓,在长期的发育中就会产生抑郁样行为。

前面我们还提到抑郁症的一种心理机制是反刍思维,它具有自我强化、循环往复、持续时间久的特点。对于反刍思维的神经基础,我们还开展了很多研究来探讨反刍思维和大脑默认网络的关系。我们发现,反刍思维和大脑默认网络,特别是默认网络的核心区域和背内侧前额叶子系统的激活存在关联。此外,在反刍思维期间,默认网络核心区域与默认网络内侧颞叶子系统间的功能连接增强,而默认网络核心区域与默认网络背内侧前额叶皮层子系统间的功能连接减弱。

4. 和"黑狗"的斗争:抑郁症的病程

一个人如果患上了抑郁症,他会经历怎样的病程呢?在患上抑郁症之前,个体的情绪是正常的,发病之后其情绪开始变得低落,一般来说我们希望患者此时能够得到专业的治疗。在发病6~12周的急性期接受治疗之后情绪会得到恢复,但如果不持续治疗,病情可能会很快恶化;反之情绪会得不到缓解。不像感冒药只需要短期服用,精神类药物的用药需要持续一个很长的疗程,在4~6个月的巩固期如果不坚持服药,病情可能会复发,在1年以上的维持期不坚持服药,病情仍可能会复发。

因此,如果患上了抑郁症,要在医生的指导下认真服药,一定不要擅自停药。如果自己吃两天药感觉病好了,就说"我不吃了",把药丢掉,那抑郁症很可能会恶化或者复发。在和"黑狗"的斗争中,一定要认真地听医生的话,持续地治疗。同时,很多研究也验证了心理治疗的作用,建议药物治疗和心理治疗联合进行,会有更好的效果。

5. 科学驱赶"黑狗":抑郁症的治疗

刚刚我们介绍了抑郁症的病程,通常如果在发病之后得到专业、持续的治疗,大多数患者会有比较好的治疗效果。所以抑郁症并不可怕,它是可以治疗的。目前针对抑郁症有很多科学的治疗方法,包括心理治疗、药物治疗和物理治疗等。

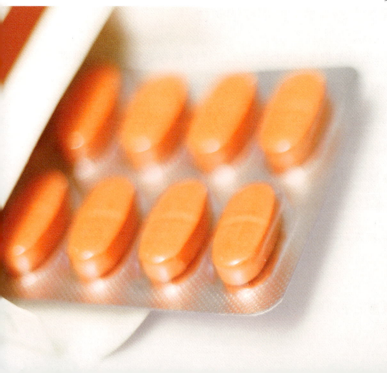

药物可以治疗抑郁症

(1) 心理治疗

在心理治疗方面,大家经常听到很多的疗法,包括认知行为疗法、精神动力疗法、人际关系疗法、接纳承诺疗法、正念疗法、移空技术等。

其中,正念疗法现在在西方非常流行,这种疗法常常要求练习者进行冥想,包括深呼吸、关注当下、不做评判等,这也是源于我国传统佛学文化的一种治疗方法。我们的研究试图揭示正念疗法究竟会对大脑造成什么影响。我们的研究结果也正好显示,正念冥想可能对改变大脑的功能连接和反刍思维这种负性的思维模式起作用。

(2) 药物治疗

在药物治疗方面,现在有很多种类的药物都可以治疗抑郁症。如果抑郁症患者的病情严重到了一定程度,医生就会建议患者服用抗抑郁药物。其中有大约 1/3 的患者非常幸运,服用第一种药物就会有效果。还有大约 1/3 的患者需要调换不同的药物才会有效果。而对剩余大约 1/3 的患者而言,药物对他们是不起作用的,我们后面会讲这些患者可能需要采取的其他治疗手段。

那么,药物究竟是怎么对抑郁症患者的大脑起效的?我们依然可以从神经科学的视角窥探一二。现在常用的治疗抑郁症的一类药物叫作 5-羟色胺选择性重摄取抑制剂,这类药物包括西酞普兰、氟西汀、舍曲林、帕罗西汀等。这些药物就参与了神经递质传递的过程。

我们上文提及的神经递质假说中,抑郁症患者神经元突触间隙中的神经递质的浓度是低于正常水平的。而正常神经元中的信号传递是神经递质从前一个神经元的囊泡中吐出并来到突触间隙中,再被后一个神经元表面的受体接收,最后神经递质又会被前一个神经元的转运体回收以准备下一次的神经信号释放。

那么5-羟色胺选择性重摄取抑制剂正是通过阻断这个回收机制起作用的。一旦前一个神经元的转运体停止回收神经递质,突触间隙中的神经递质就会增多,等神经递质的浓度回到正常水平之后,后一个神经元表面多长出来的受体便会降低到原本的数量。

所以5-羟色胺选择性重摄取抑制剂就是这样通过调节大脑神经递质的回收机制来改善抑郁的。而这种药物的起效周期一般比较长,在神经递质浓度的降低被抑制之后,多长出来的受体需要慢慢地消减下去。所以在抑郁症的治疗中,一定要认真听医生的话,坚持服药才能产生疗效。

在大脑网络层面,我们在与北京大学第六医院合作进行的研究中,探索了抗抑郁药物会给大脑的功能连接带来什么改变。研究发现,服用药物可以降低大脑内广泛的功能连接,从而改善抑郁。

另外,最近还有一种叫作氯胺酮的药物受到关注。最初,氯胺酮是一种临床麻醉手术药物,但是目前的医学研究发现,氯胺酮对抑郁症有特别好、特别快的疗效。传统抗抑郁药物疗程较长,一般在前2周是没有正向效果的,在2周之后才会慢慢起效。但抑郁症患者服用氯胺酮之后,情绪立即就能得到改善。如果抑郁症患者有自杀企图,氯胺酮能够快速地起到抑制作用。氯胺酮还能够用于难治性抑郁症的治疗。研究人员正在研究氯胺酮在大脑中的作用机制,以及如何去除它的神经毒性,让它成为一种更好的抗抑郁药物。

(3) 物理治疗

上文提及还有一部分患者,各种药物对他们都是不起效的,这种药物难治性抑郁症患者则要考虑其他的治疗方法,包括物理治疗方法。一种常见的物理治疗方法是电休克疗法,这种方法通常需要将患者麻醉之后施加一个很大的电流,通过电击似乎能对患者的大脑起到"重启"的效果。药物难治性抑郁症患者通过这种物理治疗方法也能获得一定的疗效。

我们研究团队也在做经颅磁刺激疗法的研究。经颅磁刺激疗法目前也作为一种治疗抑郁症的物理方法,通过在大脑外部用一种高变的线圈产生高变的磁场,在脑内引起相应的电流变化来刺激大脑,改变大脑活动,产生治疗抑郁症的效果。

6. 写在最后

我们希望,在未来我们可以通过大脑扫描确定患者是否真的患上了抑郁症,他们的异常之处到底是什么,再通过经颅磁刺激机器人直接精准地刺激抑郁症患者大脑相应的靶点以达到更好的治疗效果;或者我们可以依据大脑扫描的结果为患者进行疾病分型,从而可以指导不同类型的患者服用不同的药物;每个患者都是独特的,我们还可以根据每个患者大脑的特点,在心理治疗方法中选择干预不同的心理功能(如认知功能、奖赏功能、情绪功能等)。如果我们能够这样在大脑中找到抑郁症的关键脑区,确定它的位置,再对应选择最适合的治疗方式,抑郁症也许就更容易治疗。我们十分希望抑郁症神经科学研究能够帮助到世界上的每一位抑郁症患者,能够对现在精神医学的诊断和治疗有所贡献。

情绪调节
mood regulation

如果你现在很不快乐，那么变得快乐的方法很简单，那就是开心地坐直身体，然后尝试着开心地说话、做事情。

—— 威廉·詹姆斯
William James

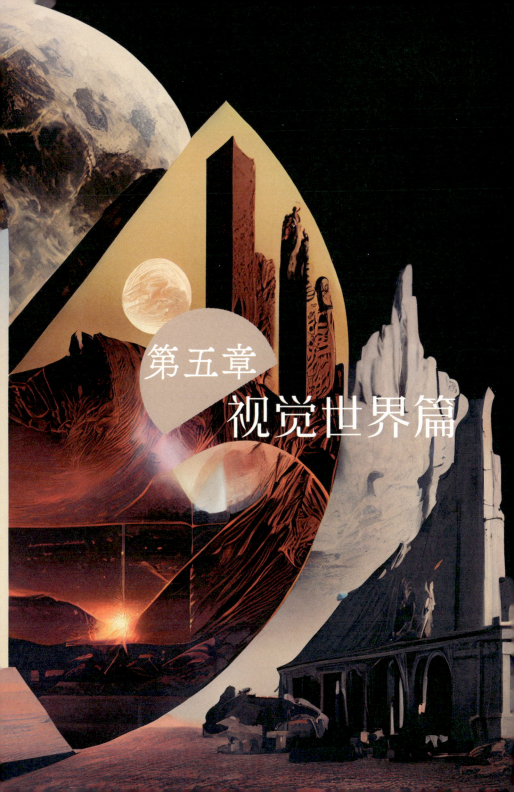

眼见为实?
你被你的视觉欺骗了!

袁祥勇

首先,我要承认,把人的眼睛比喻成"低速"摄像机,其实不太准确。这里真正想要表达的意思是,人的视觉更像一台"低速"摄像机。

1. 为什么我们的视觉像一台"低速"摄像机?

如果你曾天真地以为你所看到的就是世界本来的面目,那你一定忽略了生活中的一些小细节。我只是想让你意识到,其实你被你的视觉欺骗了很久。下面,我以一个简单的光点实验来说明这个问题。在左边和右边的空间位置各呈现一个白色的光点,然后控制这两个光点之间的时间间隔。刚开始,将两个光点的时间间隔设置为1秒,你会很明显地看到,两个光点一左一右交替出现。接下来,将时间间隔缩短到1/5秒,这样一来,原来的两个光点看起来就好像变成了一个左右来回移动的光点。如果继续将时间间隔缩短为1/20秒,这时它们看起来就像是两个同时存在的、各自闪烁的光点。

这个简单的例子表明,我们的视觉其实分辨不出变化太快的东西。所以说,它很像一台"低速"摄像机。如果你觉得这个例子不够有说服力,或者你分不清楚这两个光点变化的差异,那我再举些更生动的例子。在球类运动的比赛中,当球的速度特别快时,你会感觉它好像拖着一条"小尾巴"。想自己体验一下的话,你不妨在自己面前快速挥舞手臂,然后你就能看到自己手臂运动时残留的影子。

生活中还有许多类似这样的例子可以说明我们看到的其实不是这个世界原来的样子,而是我们的视觉呈现出来的效果。这种并不快速的捕获信息的方式,维持了我们视觉的稳定性。而且,我们早就开始享受"慢速"的视觉系统所带来的便利。正因为如此,我们才可以将一格格画面拼接起来,制成流畅的电影。你只需要拿起一本书,用拇指快速翻过它带页码的页角,就能轻易体验到一串数字仿佛流水般淌过的感觉。

快速运动的球拖着一条"小尾巴"

2. 我们的视觉能以更快的速度收集外界信息吗?

不过,你可能会想,如果我们的视觉能以更快的速度收集外界信息,那不是会产生更好的观影体验,而且百利而无一害吗?理论上这是对的。但是非常遗憾,尽管我们的视觉系统没能给我们呈现真实的世界,但它已经竭尽全力了。那为什么我们只能以现在的时间分辨率来感知外部变化的世界,而不能以更快的速度感知呢?这跟我们大脑的节律性活动有关。

我们的大脑皮层是由许多神经细胞(也叫神经元)组成的。数以百亿计的神经元最终构成了我们的大脑,我们的所有意识体验都产生于它们。这些神经元是以电信号的形式互相交流的,这一点生物老师应该都讲过。这里要说的是,通过直接把电极插到脑袋里,或者在头皮上贴几个电极片,就可以记录到大脑内部这些神经元活动时产生的电信号。这些电信号具有节律性,像水波,有峰有谷,被称为神经振荡。

我们可以看到贴在后脑勺的电极直接记录的电信号,以及对这些原始信号进行滤波处理后得到的不同节律的神经振荡。

不过,这些神经振荡又跟我们的视觉时间分辨能力有什么关系呢?可能你已经想到了,神经振荡总是一个波接一个波地延展开来,而只要是"波",就有频率和周期。假设我们的视觉系统是以波的形式工作的,第一个进入我们视觉的图像信息落到了第一个波里,第二个图像信息落到第二个波里,以此类推,我们也就知道了图像的变化。不过,要是图像变化得太快,就像前文中的那两个光点,在间隔1/20秒时,它们可能全落到了一个波的周期里,这样我们就分不出来谁先谁后了,看到的就是两个同时存在、各自闪烁的光点。

3. 神经振荡与我们的视觉时间分辨能力有什么关系?

依据这个假设,必然有某个频率的神经振荡与我们的视觉时间分辨能力相关,而且在这个频段内,如果神经振荡的频率越快,也就意味着同样间隔的视觉图像,更有可能落入两个不同的波里,所以时间分辨能力也就越高。事实确实如此,研究者测量了不同的人在8~12 Hz(这个频段被称为α频段)这个范围内神经振荡的频率,发现有些人的神经

神经元以电信号的形式相互交流

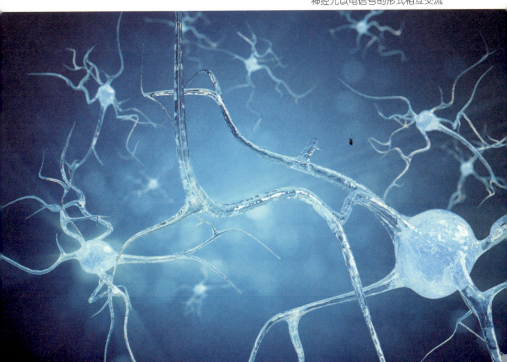

振荡在 9 Hz 比较强,而另一些人在 11 Hz 比较强。可千万别小看了这 2 Hz 的差距,神经振荡在 11 Hz 比较强的人确实能观察到变化相对更快的视觉信息。而且,也千万别忽视我们视觉系统的"摄像"速度,如果这个速度过于慢了,可能说明有某种病变的风险。肝性脑病患者的视觉时间分辨速度就明显慢于正常人。

更有趣的是,我们可以通过控制大脑内部的神经振荡来改变视觉系统的工作。如果我在你的头皮上外接一台可以产生微弱的交流电(如 2 毫安)的设备,就能够随心所欲地把你的神经振荡的频率调大或者调小一些,这就是经颅交流电刺激技术。如果把你原来的神经振荡的频率调大了 2 Hz,你就能感觉到更快的视觉信息的变化;反过来,要是调小了 2 Hz,以前你可以感觉到的变化现在反而感觉不出来了。尽管这听起来像科幻电影一样神奇,但还得诚恳地说明一点,实验室观察到的这些差异,虽然在统计上可以称之为"差异",但离能够真真切切地体验到还有一定的距离,所以很遗憾,目前还不能让每个人都直观地感觉到自己的视觉受到了操纵。

视觉颠倒：
为什么我们不会感觉世界是颠倒的？

匡神兵

许多细心的父母可能已经发现，3岁以下的幼儿在看书或画册的时候，经常喜欢把书或画册倒拿着看。一些较为敏感的父母甚至会因此而怀疑孩子的视力发育是不是出现了什么问题。那么，孩子倒拿着书看（倒视现象），是不是意味着孩子的大脑处理信号的能力不行呢？倒视现象背后的原因又是什么呢？

1. 视知觉是如何形成的？

我们知道，人的眼睛的结构类似于照相机，视网膜就相当于照相机的底片。当我们看东西时，外界物体反射的光线依次经过角膜、瞳孔和晶状体的折射后，会在视网膜上聚焦并形成一个倒立缩小的物像。视网膜上分布着大量光敏细胞，这些光敏细胞将视网膜上的物像信息转换成神经信号，然后视神经将这些信号传给大脑的视觉中枢，视觉中枢经过整合和分析，就形成了我们的视知觉。

2. 为什么我们不会感觉世界是颠倒的?

大家一定很好奇,既然外界物体在视网膜上形成的是倒立的像,那为什么我们看到的物体都是正立的呢?为什么我们不会感觉这个世界是上下颠倒的呢?

对于这个问题,很多人(甚至包括一些科学家)认为,颠倒的视网膜信号会在大脑皮层的视觉中枢进行翻转和转换,这样我们就能看到正立的物体了;而幼儿的倒视现象可能是因为他们的大脑皮层还没发育完全,还不具备把倒像转换成正像的能力。这种说法似乎有些道理,但经不住推敲。

外界物体在视网膜上形成一个倒立缩小的物像

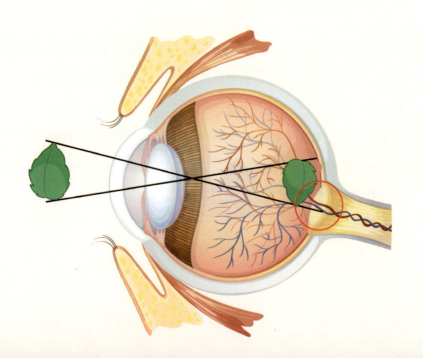

首先，它与婴幼儿行为实验结果并不相符。Brazelton 等（1966）发现新生儿的眼睛（和注意力）可以被移动的玩具所吸引，且眼动方向与玩具的运动方向完全一致；Stein 等（2011）发现新生儿更喜欢正立的脸，即符合成人的人脸喜好特征。这些证据暗示，幼儿完全具有把倒像处理成正像的能力。其次，到目前为止，尽管我们对视觉信息加工的脑机制已经有了相当的了解，也存在各种各样的脑信号检测工具，但遗憾的是，具有视觉翻转功能的特定脑区还从未被报道过。这似乎暗示着转换论可能是一种错误的学术观点。

如果不是被翻转，那倒像纠正是如何实现的呢？一些科学家认为，外界物体的正、反、左、右等空间关系不是由视网膜上的视图成像决定的，而是由手、脚等身体部位的运动决定的。换句话说，"左右""正反"

儿童在运动中感知方向

不是看到的，而是"动"的结果。

以一个新生儿为例，首先他能够感受到一个完整的视觉域（无论视网膜成像的方向如何），然后在他始终朝同一个方向挥舞胳膊的时候，他也总是能够看到一只手臂朝向某个特定方向的移动，在归纳中他便将视像中的某个始终一致的移动方向与运动觉、触觉中某个始终一致的运动方向联系在一起，形成肌肉记忆，直到后来他开始学习语言时，他才懂得"那就是被人们称为'向上'的方向"。

运动论观点认为，无论视网膜上的成像是倒立、正立或是中间任意角度的，只要视觉能够与触觉、运动觉之间建立起对应的联系，各种感觉器官之间协同活动、互相验证，那么我们就能够建立起"上下""左右""正反"等和谐统一的空间知觉。按照这个理论，视网膜看到的"倒像"，对于大脑来说本来就是正确的"正像"，因为我们对世界的感知是多感觉（视觉、触觉、运动觉等）与外界环境交互过程中不断学习和适应的结果，与视网膜输入并没有直接关系。因此，我们的大脑根本不需要对倒立的视网膜信号进行任何形式的翻转或转换。

3. 视觉左右颠倒是什么样的感受？

什么？视网膜"倒像"其实就是"正像"？根本用不着翻转或转换？那岂不是太容易了！如果你也刚好这么想，那就大错特错了。

为了更加直观地了解我们大脑在视觉颠倒后所面临的挑战，研究者做了这样一个实验：让志愿者戴上一种特制的眼镜，眼镜中的棱镜会改变光路,从而使志愿者视野里的左右空间关系完全颠倒。当志愿者伸出左手时,却看到了自己的右手;当志愿者想拿右边的物体时,却常常把手伸到左边。由于视觉输入与动作输出完全相反,握手、行走等需要确定左右方向的动作变得异常困难。

将视觉左右完全颠倒算是一种非常极端的多感觉冲突形式,但它很好地模拟了视网膜倒像的问题。刚刚戴上特制眼镜的志愿者,由于之前正常的"视觉-触觉-运动觉"之间的映射关系被扰乱,所以一开始会特别不适应,感觉别扭,动作笨拙,甚至会出现头晕难受的现象。最近的研究发现,当视觉颠倒发生后,志愿者的动作控制水平骤降,且骤降发生在动作执行的后半段(视觉反馈介入时)。重复训练可以逐渐改善志愿者对动作的控制水平,但这些改善极其缓慢,其控制能力在数小时的训练后还远远不能达到正常水平。研究者推测,减少对动作的控制可能是我们大脑在面临这种强烈的多感觉冲突时的一种最优工作模式,因为此时控制会适得其反,控制得越多反而离目标越远。

4. 为探索倒视背后的秘密,科学家还做了哪些实验?

倒视背后的秘密一直是心理学研究历史上一个古老而又神秘的话题。从 19 世纪末(1897 年)的乔治·斯特拉顿(George Stratton)开始,到后来的西奥多·埃里斯曼(Theodor Erismann)与伊沃·科勒(Ivo Kohler),以及近些年(2014 年)的让·德格纳尔(Jan Degenaar),这些心理学家一直致力于实施一项人类行为实验。他们让志愿者每天 24 小时(包括吃饭和睡觉时)戴着这种让视觉上下(或左右)完全颠倒的特制眼镜,并且连续坚持1~2个月。结果表明,在这种长时间、高强度的训练下,志愿者还是能够适应新的视觉环境并重新建立起对身体的控制的。他们不仅能对握手、行走等简单的日常活动完全恢复控制能力,而且对复杂的视觉运动交互行为(如骑自行车)也能恢复完美的控制能力。

有人会问,志愿者的大脑在此多感觉冲突适应期间究竟发生了什么?是什么样的脑神经机制让志愿者重新建立起全新的视觉输入和动作输出之间的联系的呢?

为了寻找这个问题的答案,研究者首先采用神经网络模型对人类的适应行为进行了细致的模拟。其实稍懂一点神经网络知识的人都知道,神经网络系统根本不会在乎图片是正立的还是倒立的,它只会根据输入和输出之间的映射关系自主适应。换句话说,神经网络只关注映射的稳定性,不关注输入信息的性质。不管是正转90°还是反转90°,只要神经网络"习惯了",它都能适应。模拟结果显示,多感觉冲突适应的关键不在于视觉输入皮层和运动输出皮层的改变,而在于位于两者之间的隐含皮层(即视觉运动联合皮层)中的神经元群体的可塑性。

为了证实这一理论预测,鉴于在人类志愿者身上直接进行细胞水平的电生理实验有违医学伦理,研究者训练了两只成年的猕猴。灵长类猕猴具有与人类非常接近的脑功能和视知觉能力。在长达1~2年的视觉颠倒训练后,研究者采集了猕猴视觉运动联合皮层(包括后顶叶皮层和背外侧运动前区)神经元的电活动信号。分析发现,这些脑区中的神经元在适应后呈现出了新的方向选择特性:它们不仅表征了原有空间坐标下的动作,也编码了颠倒空间坐标下的动作。这些实验结果与神经网络模型的理论预测高度一致,表明在正常的多感觉映射关系被扰乱后,视觉运动联合皮层中的方向选择性神经元的可塑性让猕猴和志愿者重新建立起视觉输入与动作输出之间的关联。

从上述一系列的行为、建模和电生理研究结果中我们不难看出,人类的视觉-运动觉之间的映射关系是可以在后天被改变的;我们能拥有和谐统一的视知觉(不会感觉世界是颠倒的)是因为我们早已习惯了与外在世界的多感觉交互方式。可能不仅仅是视知觉,人类的一切心理体验(包括思维、情感甚至意识等)均依赖于我们自身与外界环境的多感觉动态交互。

5. 结束语

我们每天从注视中获取的信息有可能只不过是幻觉罢了。人类的感知体验和心智思维依赖于眼睛,但绝不愚忠于眼睛。眼见不一定为实,眼睛不一定是心灵的"窗户"。

不喜欢 3D？
你可能需要改善立体视

席 洁　王葛彤　黄昌兵

　　山河、宇宙、朝阳初生的清晨……影院里巨大的屏幕将你吸引进陌生或熟悉的世界，让你一次次体验到身临其境的快感。而呈现这个世界的最佳途径，就是近年来几乎成为大片标配的 IMAX 和 3D 技术。遗憾的是，总有部分观众无法享受 3D 电影带来的震撼，吐槽说 3D 电影看不出立体效果，甚至认为 3D 电影和 2D 电影没有任何区别。为什么

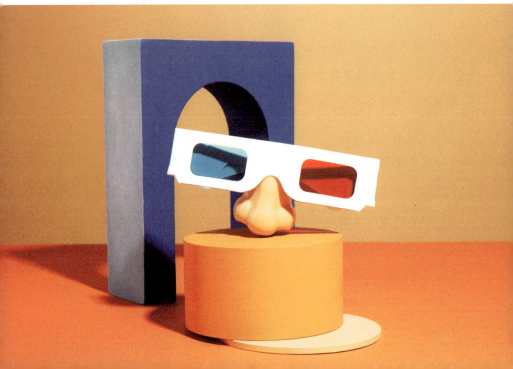

部分观众无法看出3D电影的立体效果

会这样？排除影片制作和眼镜质量的问题后，很大可能是这些观众无法形成立体视，即他们存在立体视异常或立体视盲的问题。

1. 什么是立体视？

世界是三维的，地球上包括人类在内的很多动物都拥有立体视，可以通过左右眼看到的图像水平位置差异来感知空间深度，我们将这种水平位置差异定义为双眼视差（对外界物体的左右眼视网膜成像因左右眼之间位置的水平性分离而在视角上存在微小的水平差异，单位为弧秒）。现在 3D 电影最常用的技术就是将左右两组具有水平位置分离的画面呈现在屏幕上，观众佩戴偏振光眼镜后，左眼看到左边的画面，右眼看到右边的画面，形成双眼视差，以此来模拟现实世界中的立体感。

2. 如何测量立体视？

常用的立体视功能测试有 Titmus、Randot、Frisby 和 TNO 等，立体视敏度的正常值≤60 弧秒。然而，有研究发现，正常视力人群中立体视异常或立体视盲的比例高达 3%～10%，另外视觉发育过程中的不利因素，如斜视、屈光参差、屈光不正、视神经损伤、白内障和青光眼等都可能同时引起立体视功能异常或立体视盲。而且，伴随着科技的发展，要求具有良好立体视功能的职业（如飞行员、司机、显微外科医生等）日益增多，需要提取 3D 信息的电视剧、电影和电子游戏也已经成为人们日常生活的一部分，立体视功能的好坏直接影响到人们的日常生活和工作效率。

3. 如何改善立体视功能？

好消息是，目前已有大量研究发现立体视功能可以通过知觉学习的方式得到显著改善。Julesz(1971)最早发现在实验室中反复观看随机点立体图能够显著缩短立体效果感知时间。除缩短立体效果感知时间外，知觉学习还可以降低双眼视差的知觉阈限，即降低左右眼能看到的最小视差。

知觉学习改善立体视功能的结果被应用于异常视觉系统的立体视功能恢复和特殊职业视觉功能训练等领域。对异常视觉系统立体视功

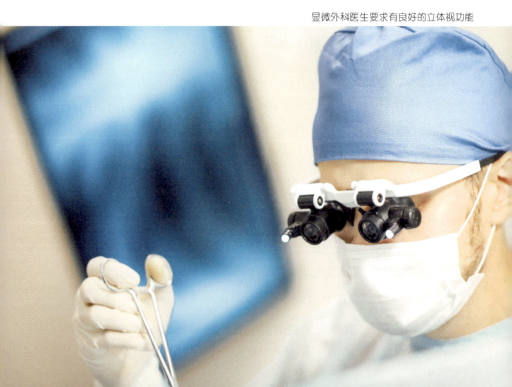

显微外科医生要求有良好的立体视功能

能恢复的研究主要围绕弱视患者展开,如 Xi 等(2014)对 11 名屈光参差性或屈光不正性弱视患者进行 10~13 次训练,每次训练 8~60 分钟,结果发现,训练可显著降低被试的立体视阈值,并提高其立体视敏度,这种改善效果可以维持至少 5 个月。Hess 等(2012)将实验室训练转化为俄罗斯方块游戏,可安装到平板电脑中供弱视患者训练,以此改善患者的双眼融合功能,并实现了与实验室训练同样的效果。最近有研究者使用电脑游戏对已经接受过传统治疗的弱视患者进行训练,结果发现游戏能够进一步提高被试的立体视敏度。在特殊职业从业人员的立体视功能训练方面,有研究发现足球运动员经过 6 周的立体视训练,其反应时间显著降低,且训练效果可保持 6 个月以上。

知觉训练的一个终极目标是尽可能地改善人的各项认知功能,研究者正在努力寻找更有效、更有趣、更可行的知觉训练方法。在未来,立体视知觉学习的应用对象将会被推广至其他年龄段人群(如老年人、儿童)或司机、外科医生等其他行业从业者中去。此外,立体视训练将以更具趣味性的方式呈现,将研究成果转化为可利用多媒体设备呈现的游戏或训练软件,从而更好地推广立体视知觉学习。

逆袭黑暗世界：
让盲人"看到"图像

覃缨惠　刘　烨

看到这个题目，你可能会想："既然盲人看不见，他们又怎么能'看到'图像呢？"其实，盲人和低视力人群虽然"看"不到，但他们可以通过其他感觉通道的代偿来获取信息，其中触觉是盲人获取信息的重要通道之一。

例如，通过触摸纸质盲文书籍、盲文电子书或点显器（又称盲文显

盲人也可以"看到"文字

示器,可以将计算机中的文字信息以盲文形式同步显示),盲人就可以"看到"文字。

1. 盲文的诞生

盲文最早由路易斯·布莱叶(Louis Braille)发明。1809 年 1 月 4 日,布莱叶出生在法国。3 岁时,小布莱叶有一次在父亲的皮匠作坊玩锥子,为了在一块皮革废料上打孔,他把脸凑得非常近,锥子的另一端突然刺入小布莱叶的一只眼睛,另一只眼睛很快也被感染。5 岁时,小布莱叶彻底双目失明。

随后,布莱叶进入一所特殊学校——当时刚刚在巴黎成立的国家

布莱叶盲文系统已经成为全球盲文的书写标准

失明青少年学院进行学习。布莱叶在学院读书时,渴望有更多的书籍可以给盲人阅读。于是,15 岁时,布莱叶在查尔斯·巴比尔(Charles Barbier)发明的"夜间写作"系统的基础上,设计了一套盲文系统。

200 年后的今天,布莱叶盲文系统已经成为全球盲文的书写标准。

2. 呈现触觉二维图像的硬件技术

尽管盲人可以从盲文中获取符号信息,但这并不意味着盲文能涵盖所有的信息类型。即使是诗一般的文字也难以再现五彩缤纷的图像世界。对一幅画进行分解,往往会影响甚至破坏整体欣赏时所产生的综合体验。

盲人也可以使用互联网

但是，如果能用触觉二维图像表示图画，那将会给盲人的阅读体验和生活质量带来极大的提高。而且在教学地理知识、人体结构、几何图形时，使用触觉二维图像可以帮助盲人理解这些抽象和晦涩的概念。为此，研究者尝试使用各种各样的技术去呈现可触摸的二维图像。

传统的触觉图像制作，是通过压印、盲文触点打印、热塑等方式，根据图像的轮廓信息，在纸张上形成凸起的轮廓来提供触觉信息。然而，这样制作出来的触觉图像耗费纸张，耗时耗力，一张纸只能显示一幅图像，内容有限，且不可更改，还不利于长时间保存。

为了解决这一问题，研究者在现代电子信息技术的基础上，开发出电子触觉图形显示器。这种显示器可以实时、动态地改变触觉图像，甚至能够帮助盲人使用互联网。目前，许多研究团队和公司推出了电子触觉图形显示器。

无论是纸质的触觉图像还是电子的触觉图形显示器，现在的印刷和电子技术都已经能够让盲人便捷地触摸平面二维图像。

然而大量研究表明，正常人和盲人难以识别普通物体的触觉二维图像，即使触觉二维图像是常见的简单图形，正常人和盲人通过触觉识别出它们的准确率也只有 30%～40%。

因此，虽然当前呈现触觉二维图像的电子设备已经非常精密，但是如何设计触觉图形显示器的呈现内容仍是亟待解决的关键问题。有哪些因素影响触觉识别二维图像？这些因素如何发挥作用？对上述问题的进一步研究有助于触觉图形显示器呈现内容的设计，进而提高触觉识别二维图像的准确率。

3. 影响触觉识别二维图像的透视线索

目前用于触觉通道的图形图像大部分是基于视觉通道的图像进行设计的，因此触觉识别二维图像的研究中考察的知觉因素大多也基于视觉二维图像的特性。但是，直接将视觉图像转换为触觉图像并不适用于触觉识别，比如二维图像中的透视线索，视觉模态中可以给人们提供高低远近等的三维立体信息，触觉可能难以识别这些信息。

大部分研究认为含有透视的二维图像会导致触觉难以识别。北美盲文权威指南提出，除非有特别要求，否则触觉图像不要使用透视。

但是，透视对于盲人理解立体几何等概念非常重要，完全移除二维图像中的透视并不现实。在讨论是否要去除二维图像中的透视之前，还有一个问题需要确定，那就是盲人能否理解透视。

事实上，对于一出生就失明的先天盲人，虽然他们理解透视存在一定困难，但经过训练，他们也可以理解透视。也有研究者训练盲人学习透视规则后，盲人会运用透视规则画出不同角度的三维物体。所以虽然透视对盲人来说很难理解，但也不是完全无法理解。于是，有研究者尝试设计出适用于触觉识别的二维图像，用弧线来表示柱状或球状的立体结构(图5-1)。这是一种好的尝试。

基于实物照片描画的普通二维线条图　　用弧线表示弧状或柱状立体结构的触觉二维线条图

图 5-1　触觉二维图像的设计图

4. 结束语

当前,二维平面图像的触觉设计尚处于起步阶段,如何在触觉模态上更好地表达二维图像仍需进一步的研究。布莱叶在 1824 年就发明了盲文系统,但这套系统用了将近一个世纪的时间才在全球大部分地区扎根。尽管触觉二维图像的研究设计尚未成熟,但我们相信未来它会如同布莱叶盲文系统一样,有成熟应用的一天。

视觉审美:
美真的有客观准则吗?

黄昌兵课题组

一道靓丽的风景、一幅惟妙惟肖的绘画、一首悦耳的乐曲、一座富丽堂皇的建筑、一部震撼人心的舞台剧,都会给人们带来"美"的享受。我们将体会到美感的过程称之为"审美"。美学最早由德国哲学家鲍姆加登(Baumgarten)于 1750 年提出,他在哲学系下建立了"美学",并将其作为一门独立的学科。由此,审美开始被艺术、文学、建筑和心理等

审美在生活中无处不在

多个领域的学者研究。

按照涉及的感知觉通道不同,审美可分为视觉审美、听觉审美和触觉审美等。其中,视觉审美是人们生活中最常见的审美方式,主要包括面孔和艺术等方面的审美。接下来,就让我们一起看看视觉审美的神奇之处。

1. 面孔审美

我们每一个人都有过评价某个人长得是否好看的经历。在日常生活中,或许你和朋友也遇到过由于对某个人的长相各执己见而争执不休的状况。大多数情况下,我们会认为不同的人对于"好看"的标准不尽相同。但是否人们在"什么样的人脸才好看"这件事情上真的没有一点规律性可言呢?

(1) 面孔审美的平均性特征

美国得克萨斯大学的朗格卢瓦(Langlois)教授和她的团队曾用图片处理技术合成人脸照片,用于合成的原始照片都是他们拍摄的得克萨斯大学本科生的人脸照片。朗格卢瓦教授招募了一些志愿者对这些合成的人脸照片的美丽程度进行评价,结果发现合成照片的原始照片张数越多,整体评价越高。

其实,当用于合成的人脸照片越多,合成照片也就具有越少的个性化特征,也就越接近于"平均脸",这个结果表明大众往往倾向于认为"平均脸"更美。说到这儿,很多朋友是不是想到了当自己准备发自拍到朋友圈的时候,总会先把自己的照片修饰一番,使自己看起来更美呢?从一定程度上来讲,很多面部的修饰就是使得自己的面部获得更多"平均脸"的特征。

(2) 面孔审美的对称性特征

我们再来看看图5-2中的两张人脸,乍一看是同一个人,但是仔细观察的话你可能会发现图5-2(b)中人脸的五官好像歪了。没错,其实图5-2中两张人脸的五官分别看的话没有差别,区别只在于图5-2(b)中人脸的五官稍稍挪动了位置,因而显得没有图5-2(a)中的人脸那样对称,有一种"歪脸"的感觉。大家应该都会觉得图5-2(a)比图5-2(b)要更为好看一些,其实,"对称性"也是影响面孔审美的一个非常重要的因素。所以,很多女生在化妆时,会利用高光和阴影来修饰自己的脸型和五官,使得自己的面孔在视觉呈现上更加对称和立体。

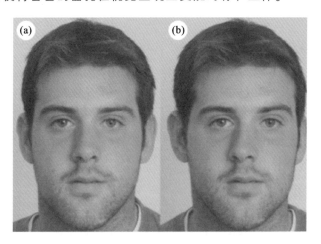

图 5-2　对称性比较(左图对称性更高)

图片来源:Little 等,Facial attractiveness: Evolutionary based research,2011。

(3) 面孔审美的性别二态性特征

男性和女性面孔特征具有较大差异,大部分时候我们仅仅通过面孔就能识别出性别,这种能够提供个体性别信息的面部形态特征被称为"性别二态性特征"。很多人在生活中可能有所察觉,女性和男性在人脸的审美标准上大不相同,尤其是对异性面孔的审美标准上。那么,你是否好奇,同为人类,为什么男性和女性之间总是有那么多差异呢?难道真的是"男人来自火星,女人来自金星"吗?我们接下来一起看看女性和男性的面孔审美特点吧。

我们先来看女性对男性面孔的审美特点。前面提到了人们会觉得具有对称性的面孔更美,其实,对处于生殖活跃期的女性而言,相比于处于非生殖活跃期的女性,前者更喜欢具有对称性的男性面孔,认为这样的面孔更好看、更具有吸引力。此外,她们还会认为男性气概(例如浓眉、高颧骨等)更为突出的面孔更加具有吸引力。

如果你是一名处于生殖活跃期的女性,你会认为图 5-3 和图 5-4 中是左边还是右边的男性面孔更好看呢?

有研究发现,女性孕酮水平较高时,会偏好女性气概的男性面孔;睾丸素水平较高时,则偏爱男性气概的男性面孔。

一定程度上来说,男性面孔对女性的吸引力与男性面孔体现出来的男子气有关,从进化的角度看,这可能与配偶选择、生育等有联系。这种特点主要体现在处于生殖活跃期的女性中。许多成年追星女孩经常给自己冠以"女友粉"和"妈妈粉"的称号。如果仔细观察的话,你会

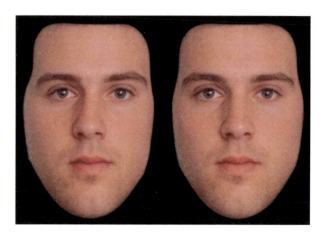

图 5-3　对称性比较（右图对称性更高）

图片来源：Little 等，Preferences for symmetry in faces change across the menstrual cycle，2007。

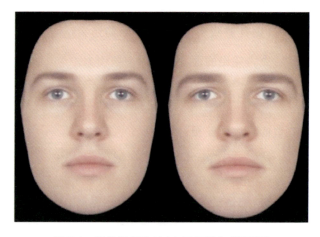

图 5-4　男性气概比较（右图男性气概更强）

图片来源：Little 等，Women's preferences for masculinity in male faces are highest during reproductive age range and lower around puberty and postmenopause，2010。

发现"女友粉"更多的明星往往比"妈妈粉"更多的明星更具男性气概。

讲完了女性，我们再来了解一下男性对女性面孔的审美有什么特点吧。不同于女性对男性面孔的复杂审美特点，男性对女性面孔的审美特点要简单得多，整体来看，男性偏好更具女性化特征的女性面孔。有研究表明，大眼睛、厚嘴唇、小鼻子、窄下巴、颧骨突出等面部特征是男性认为女性美的重要特点。另外，皮肤光滑、肤色均匀、脸颊呈微微的金黄色或红色的女性面孔也更受男性的喜爱。

从大脑活动的角度来看，男性和女性的大脑在看人脸的时候的神经活动有很大差异。首先，如果你是一位女性的话，你在看男性面孔的时候，无论眼前是你认为好看的男性面孔还是不好看的男性面孔，你的大脑活动可能并没有显著的差异（当然也可能是目前还没有找到）；而如果你是一位男性，美丽和非美丽的女性面孔会给你的大脑活动带来明显的差异。其次，我们知道男性往往比女性更多地表现出冲动的特征，女性往往更为克制和保守。在面孔欣赏中，斯普雷克尔迈耶（Spreckelmeyer）等人的研究结果表明，男性在欣赏异性面孔比欣赏同性面孔时更大程度地激活了大脑的腹侧被盖区、伏隔核和腹内侧前额叶皮层等与奖惩表征相关的脑区，女性对异性面孔的审美比欣赏同性面孔时更大地激发了大脑的颞顶联合区，而这个脑区与道德评价和行为相关，它的激活可能使得女性更为严谨。从这点上而言，男性和女性果然是很不一样的物种呢。

除平均性、对称性和性别二态性等特征外，面孔审美还有很多有趣的方面。比如，我们大家可能都有感受，如果人群中有一个长得很漂亮的人,你往往会很容易记住这个漂亮的人,而对其他人没有深刻的印象,这种记忆效应会受到人们表情的影响。相比于面无表情的美丽面孔而言,微笑的美丽面孔更容易让人记住。所以,要想让别人记住你,记得要多对人微笑哦。另外,自家的孩子怎么看都俊,情人眼里容易出西施,这些现象都表明面孔审美很大程度上是非常主观的一种体验,自己觉得"美"才是最重要的。

最后的最后,心灵美可以遮蔽所有其他"物理"美。即便我们的面孔离平均面孔很远,还不太对称,也不一定够阳刚或柔美,我们还可以微笑,还可以提升自我,升华心灵,毕竟内在美才是真的美。

2. 艺术审美

下面的这幅绘画作品(图 5-5)带给你怎样的感受呢?相信大部分人都会觉得它是美的。其实这幅作品名为《通往弗特伊的道路(雪景)》,是著名画家莫奈在 1879 年创作的。2017 年,这幅作品以 1000 多万美元的价格在纽约售出。除了画家的名誉和历史价值外,画作本身的什么特点会让人们觉得它美呢?

在莫奈的这幅作品中,虽然画面中的人物、房屋、道路、山坡等没有明确的分界线,但是我们依然能够清晰地将它们分辨开来而不会混淆在一起。这是艺术审美中非常重要的"分离原则"。对于房屋而言,所有房屋形成一个房屋群,我们可以将注意力单独给予该房屋群,从而"独享"这组房屋带来的美感,这是艺术审美中的"分组原则"。而作品

图 5-5　莫奈《通往弗特伊的道路(雪景)》

中所有元素组合在一起,宛然一幅美丽的道路雪景图,各元素之间毫无夸张或冲突的感觉,这是艺术审美中的"整体性原则"。中国画也非常好地体现了整体性原则。例如,清代著名画家徐悲鸿的《春山驴背图》(图 5-6),骑驴者和荷担者都缓缓地步入深山,各种景致在周围铺陈开来,呈现出一幅秀丽的山林画景。

我们再来看看下面这幅画(图 5-7)。画面中的树木处在背光面,造成了其自身较深的颜色,地面的树影同样是深色。这些深色与雪地形成了强烈的对比,使得画面富有层次感和重量感。这就是绘画创作时恰当地运用了"对比原则"而产生的效果。

图 5-8 中的人物突出了瘦骨嶙峋的特征,更加生动地表现出了人物特点,让人们对其有更深刻的印象。这是因为这种夸张的艺术手法能

图 5-6 徐悲鸿《春山驴背图》

图 5-7 雪景图

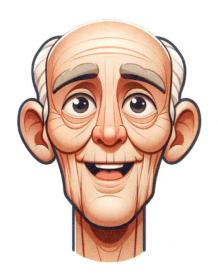

图 5-8 人物图

够增强人们的大脑在认识这种夸张特征时的活动,从而感受会更加强烈。这是艺术审美的"峰值原则"。

从图 5-9 这幅室内画中,我们可以看到明显的左右对称。"对称性原则"是艺术美感的十分重要的因素,对于建筑艺术而言尤为重要。

一张模棱两可或是意义隐晦的绘画作品也许比一张直白的绘画作品更加吸引人。例如,图 5-10 中人物的面部无法看清,你或许就会对其年龄、相貌和神情等进行揣测。这些美术作品中包含的隐藏元素在一定程度上使视觉系统有一种"挣扎"着理解画面的感受,而不是一眼明了,然后很快将注意转移到其他地方。这也是艺术审美中非常重要的原则,我们将其称为感知上的"问题解决"原则。

图 5-9 室内图

图 5-10 背影图

"视觉隐喻"可能是艺术审美中最神秘的部分。它是指在不同的物体上发现隐含的相似性。例如,图 5-11 中,虽然小女孩、植物、动物、远山和夕阳是不同的事物,但我们似乎能够从小女孩的神情、植物的形态、青蛙和蜜蜂的动作、远山的缥缈中感受到一个相同点——宁静。一旦"宁静"的共同特征被我们捕捉到,我们就会发现画作中不同元素之间的相似性。由此,我们就体会到了图中乡村宁静傍晚的和谐场景。而每一次隐喻的相似性被识别出来,相应的信号就会被发送到大脑的边缘系统(边缘系统和情绪有关),我们就会体验到愉悦和美感。

图 5-11　女孩夕阳图

以上提到的关于艺术审美的八大原则是著名学者拉马钱德兰（Ramachandran）和赫斯坦（Hirstein）提出的，它们在一定程度上对艺术家进行艺术创作以及人们感知艺术美的方式的特点进行了解释。"春水碧于天，画船听雨眠"，美丽的风景和事物令人平静而愉悦，美是一个永恒的话题。

弱视十问：
弱视眼为何"弱"及如何变"强"？

黄昌兵课题组

生活中有些人视力不好，即使戴眼镜也不能改善，但又没有明确的眼部器质性病变，那他们很可能是弱视。弱视是一种导致视力降低的常见病，在我国普通人群中的患病率约为3%，其中90%以上为单眼弱视。弱视显著影响患者的工作、学习和生活质量，已成为人们关注的一大社会经济问题。本文将从十个相关方面就弱视机理和治疗的研究进展进行深度剖析，希望有助于提高大家对弱视的认识，识别弱视治疗基础研究方面的一些误区。

1. 关于弱视的十大问题

(1) 弱视的定义和分类

弱视是指一类在视觉发育关键期由异常视觉经验（如屈光参差、斜视、形觉剥夺等）引起的，视力低于同龄人正常标准、无可检测到的器质性改变且不能通过屈光途径加以矫正的病变。目前，主要按照最佳矫正视力损失程度和临床病因将其分类：按照视力损失程度可分为轻度弱视（视力为0.8～0.6）、中度弱视（视力为0.5～0.2）和重度弱视（视力为0.2以下）；按照临床病因可分为斜视性弱视、屈光参差性弱视、屈光不正性弱视及形觉剥夺性弱视等。

(2) 弱视名字的由来

弱视,英文为 amblyopia,也叫 lazy eye(懒惰眼),起源于希腊语"amblys"(钝的)和"ops"(眼睛)。当然,我们现在已经知道,弱视眼并不是真的"懒惰眼",而是一种异常视觉经验引起的视觉皮层发育异常,表现为包含视力在内的广谱性视觉功能退化。

(3) 弱视的"弱"仅仅指视力吗?

虽然视力是弱视最受关注的一点,但其实弱视在很多功能上都表现出存在损害的特征。在这个意义上,弱视是一种由异常视觉经验引起的视觉皮层功能性疾病。

就弱视眼(单眼功能)而言,除视力外,弱视眼在对比敏感度、拥挤效应、视觉噪声、运动知觉、空间定位能力、轮廓整合、估数和注意等方面都存在明显缺损。弱视眼单眼功能损害跨越从低级到高级的视觉功能(广谱特性),表现出空间视觉损害突出和高频(细节)部分更为严重等鲜明特点。

弱视的双眼视觉能力,如立体视、双眼竞争、双眼整合等,也存在显著异常。临床上常用纸洞法、笔尖法、四点灯和立体视检查等定性或半定量方法估计弱视眼在双眼视觉环境中的相对优势,结果提示,相比于健眼,弱视眼表现出明显的劣势(即"弱");基础研究则用双眼竞争、双眼运动、对比度和相位整合等范式定量评估了眼优势情况,在这些双眼任务中,弱视患者也表现出极大的眼间不平衡。有意思的是,定量研究结果显示,眼优势情况和两眼间的视力差等单眼视力差异无显著相关性,提示双眼和单眼功能损害可能存在不同机制,在训练治疗中应分别加以考虑。

此外,这些视觉功能的损伤会进一步影响其他高级认知功能。弱视儿童的手眼协调能力更差,在伸手去抓物体时会花更长时间,而且错误次数也更多;阅读任务上,单侧微斜视的弱视儿童的阅读速度显著低于正常组儿童。立体视损伤还会影响到视觉运动任务、儿童体育运动、老年人安全出行及限制弱视的职业选择等。

(4) 弱视患者眼中的世界

关于这一点目前缺乏系统研究。Barrett 等(2003)让弱视患者观看不同频率的光栅后用纸笔画下来,结果发现弱视眼的主观知觉大体有五种不同的形式,包括波浪、位置偏移、方位偏差、片段化和暗区等。但从我们课题组十几年的研究积累来看,和西方人群相比,中国人群的弱视眼体验似乎有较大差异。

(5) 弱视眼为什么"弱"?

关于弱视眼为什么"弱"有很多假说,但弱视的确切发病机制尚未阐明。目前尚未发现有明显的遗传因素参与,弱视和异常的视觉环境(如斜视、屈光参差、形觉剥夺等)对皮层发育的影响更为相关。

除利用眼科学手段对弱视的病因进行明确诊断(如屈光、斜视、形觉剥夺等)外,基础研究领域对弱视损害机制的研究从技术手段的角度大致可分为心理物理学、电生理学和脑成像等研究。心理物理学研究利用人的行为数据提出了三种模型——空间标度的低频偏移、采样降低及投射连接紊乱，但也没有确定性结论。电生理学研究得出的结论概括起来主要有三种：表征区域较小、异常神经元特性及同步化降低。这些研究虽然得到了一些关于弱视损害机制的直接证据，但都还存在一定问题，比如这些研究是在动物身上完成的，动物模型也多为形觉剥夺模型，电生理损害不足以解释行为学损害，等等。脑成像研究的整体结果表明，弱视的很多皮层区域显示激活水平降低，包括初级视觉区、次级视觉区、顶枕皮层和腹侧颞皮层内的区域。目前不同技术手段得出的结论都有各自的一些证据支持，但受制于被试类型、损害程度、研究范式、研究手段和分析模型等的差异，不同结论之间的关系尚不清楚。

人是典型的双眼视觉生物，我们认为理解弱视的损害机制应该从双眼相互作用的角度加以考虑。过往的研究无法有效区分弱视损害是由于弱视眼单眼信息的衰减还是由于健眼对弱视眼的异常抑制。我们发展了一种新的范式，进行了对比度和相位信息的共测量研究，提出了双眼多通道对比度增益控制模型；我们还据此量化分析了屈光参差性弱视患者阈上信息整合异常的机制，发现弱视眼信号有部分衰减，健眼对弱视眼具有更强的直接和间接抑制，且眼间的异常抑制是更重要的损害机制。我们的工作一方面提示弱视的损害可能具有混合机制，在治疗和训练中应加以考虑，另一方面也为后续进行个性化弱视损害分析提供了理论支撑。

(6) 弱视眼如何变"强"？

目前，弱视的治疗可以大致分为单眼和双眼两个方面的治疗或训练。

单眼治疗的方法有：遮盖疗法、阿托品压抑疗法、压抑膜疗法以及包括精细目力训练在内的单眼视觉训练等。历史上第一个提出用遮盖疗法治疗弱视的是布丰（Buffon），200多年过去了，遮盖疗法至今仍是弱视临床治疗的主要手段。对于低龄儿童，遮盖疗法简单有效，但是依从性差，这是一个规避不了的问题，对遮盖时间的选择和停止遮盖的时机选择还相对缺乏定量分析和标准。阿托品压抑疗法是利用阿托品持久的散瞳作用使患儿的健眼看近处变得模糊，强迫使用弱视眼，以往是作为遮盖疗法不能耐受时的替代疗法，二者的疗效差异不大，但调查问卷结果显示阿托品压抑疗法的不良反应、治疗依从性和患儿的社会心理影响方面都比遮盖疗法的影响小。压抑膜是一种表面存在凹凸纹理的眼镜贴片，能造成模糊视觉，起到抑制健眼、强迫弱视眼视物的作用。它比全遮盖眼罩更加美观，但要根据弱视眼度数及时更换压抑膜度数。以上这些临床治疗方法都针对低龄儿童，对于成人和大龄儿童缺乏大规模临床治疗实践。

视觉功能由光学和神经系统信息处理的质量共同决定。近些年来，知觉学习作为一种着眼于神经系统信息处理可塑性的方法也受到了广泛关注。已有研究表明，强化的单眼视觉训练可以极大地提高弱视眼的游标视敏度，这种提高还能迁移到视敏度上。我们的研究发现，在优选频率上进行8天左右的训练，对比敏感度提高了近2倍，视力也提高了近 3 行,立体视也有显著提高;与正常人相比,视敏度提高能迁移到其他频率和对侧眼,且能长久保持,提示弱视视觉系统具有非常强的可塑性,且这种可塑性可被安全、有效地加以开发和利用,以改善弱视受损视觉功能。但需要指出的是,我们后续的研究还发现,这种单眼训练虽然也可以改善立体视和弱视眼在双眼竞争中的眼优势等双眼视功能,但单眼视功能的改善和双眼视功能的提高无显著相关性,一方面提示弱视的单眼和双眼功能损害可能存在不同机制,另一方面也提示弱视训练应协同考虑单眼和双眼视觉功能。

双眼训练包括同时视功能训练、双眼分视训练、融合功能训练和双眼视觉训练等。一般认为双眼视觉训练可保留健眼的视觉输入,以期提高弱视眼在双眼视觉条件下的能力,且更加接近日常生活中眼睛的工作状态。临床上的同时视功能训练、双眼分视训练和融合功能训练侧重于训练双眼的协同控制机制(即眼肌),一般与其他训练组合进行,暂时缺少可靠的临床观察数据。着眼于增强双眼协调能力或降低抑制,双眼视觉训练从训练任务的角度可分为立体视训练、双眼竞争训练和双眼协同训练等。近些年,随着虚拟现实和增强现实等技术的进步,也有不少研究者探讨了基于音乐播放器和不同类型的智能眼镜、手机、平板电脑、笔记本电脑等设备,结合虚拟现实、增强现实手段和特殊设计的双眼视觉训练任务(如游戏等)在治疗弱视上的潜在价值。需要指出的是:第一,整体而言,这些手段目前在改善立体视的功用上尚不明确,在改善健眼对弱视眼的抑制方面也尚缺乏强力证据;第二,虽然部分研究发现弱视眼视力显著提高,但提高幅度一般在 1 行左右,提示这种方法在提高弱视眼视力上的潜力可能有限;第三,立体视改善和弱视眼视力提高无显著相关性,提示二者的改善可能具有不同机制。Li 等(2014)对 4~12 岁的儿童展开了一项基于平板电脑视频游戏的临床研究并发现,经过 4 周的训练,儿童视力提高 0.8 行,立体视没有变化。Birch 等(2015)对学龄前儿童(3~6.9 岁)的类似研究发现,经过 4 周的训练,儿童视力提高 0.9 行,立体视无显著提高。

需要特别说明的是,虽然屈光矫正(即光学适应)通常不作为一种单纯的治疗手段提出,但一般弱视治疗前首先要配镜矫正屈光不正。Wallance 等(2007)对 113 例 3~10 岁双侧屈光不正性弱视儿童单纯采取戴镜治疗,1 年后,双眼视力平均提高 3.9 行,74% 的儿童双眼视力达到了 20/25 或以上,这说明单纯戴镜治疗对这些儿童的双眼视力提高有肯定疗效。研究者在评估某种训练的疗效时,比较严谨的做法是先进行一段时间的屈光矫正,以更好地理解实验结果。

(7) 单眼治疗和双眼治疗能相互取代么?

不能。单眼治疗针对的是提高弱视眼的视力、空间对比敏感度和运动知觉等弱视眼基础视觉功能;双眼训练是要减少来自对侧健眼的抑制或促进双眼协同,使弱视眼在双眼视觉中的贡献更大,能被充分地利用起来。

我们和其他学者的研究表明:单眼功能损害和双眼功能损害在很多维度上无显著相关性,如双眼相位平衡点与弱视眼视敏度、对比敏感度及眼间差异等均无显著相关性;单眼训练并没有提高弱视眼在双眼整合中的表现,单眼训练中对比敏感度的提高与立体视能力提高也没有相关性,提示二者有不同机制;双眼视觉的训练即使改善了弱视眼的视力,但视力的提高与双眼整合及立体视的提高也没有相关性。

(8) 弱视眼能真正变"强"吗?

部分能。现有的治疗选择不能完全恢复正常的视觉能力。

中华眼科学会全国儿童弱视斜视防治学组在1996年制定的弱视治疗疗效评价标准为:视力退步、不变或提高仅1行为无效;视力提高2行或2行以上为进步;矫正视力提高至0.9或以上为基本治愈;经过3年随访,视力仍保持正常为痊愈。另外,若有条件可同时接受其他视功能训练,以求建立双眼单视功能。200多年的遮盖疗法的实践表明,对于低龄儿童,遮盖疗法可有效提高视力,在保证依从性的前提下,大部分能达到治愈水平,一部分为视力进步。Tang等(2014)的回顾性研究结果显示,接受遮盖疗法治疗的低龄儿童,最终视力达到0.7以上的比例为62%。

弱视是一种广谱性视觉功能损害,损害包含了诸多单眼和双眼功能。目前治愈标准主要关注弱视眼视力。Regan(1988)曾报告过临床"已治愈"患者在高频尚存在明显损害。我们实验室对采取遮盖疗法的弱视患者的视觉功能恢复情况进行系统评估,发现患者虽然视敏度和近立体视已接近正常,四点灯分辨不出优势眼,双眼竞争也趋于平衡,但高频对比敏感度依然存在损害,双眼相位整合中原弱视眼的权重也不及原健眼的一半,双眼对比度整合比率接近1(正常在1.4附近)。这些结果强烈提示单眼视觉功能和双眼视觉功能的恢复并不能相互替代,现有弱视治疗策略应进行一定延展,现行治愈标准应包含其他功能测量。

(9) 所有弱视眼都能变"强"吗?

目前不能,现有文献提示弱视眼的治愈率在 $63\%\sim85\%$。弱视治疗效果与治疗开始的年龄、治疗持续时间、弱视类型、弱视程度、治疗方法、屈光矫正的准确度、患者对治疗的依从性等密切相关,目前尚无肯定的疗效预测方法。治疗无效的可能原因包括:有其他损害,但现有手段无法检出或者忽略了;这部分弱视的损害机制不同,现有手段无法有效恢复。一般而言,介入越早,愈后越好。

(10) 弱视眼变"强"能一劳永逸吗?

不能。美国儿童眼病研究小组(Pediatric Eye Disease Investigator Group,PEDIG)对弱视治疗结束后的对象进行前瞻性研究(追踪并监测其视力),发现大约有 1/4 已经成功治愈的弱视患儿,在治疗结束后 1 年内出现视力下降,而且视力下降容易出现在治疗结束后的前 13 周内。建议弱视患者定期复查,必要时延长训练或治疗时间。

2. 小结

弱视是一种常见病,主要是异常视觉经验引起的皮层发育问题,在诸多单眼和双眼视觉功能上都表现出显著缺损。弱视患者的视觉损害特性和损害机制可能存在显著个体差异。在 5 岁之前应该进行视力检查,学龄前开始治疗最有效;现有的治疗手段和方法基本上都能提高视力,但治疗周期较长,无法恢复弱视眼所有的受损功能,有一定的负面社会心理影响(遮盖疗法),且有相对程度的回退概率,对大龄儿童和成年弱视的治疗尚缺乏大规模临床数据。临床"已治愈"弱视眼在双眼视觉环境下还是弱于健眼,现有治疗弱视治愈标准应涵盖更多功能的评测,现有弱视治疗手段应加以相应更新。

我们认为应该对每名弱视患者进行系统性损害特性评估和损害机制研究(单眼信号衰减还是双眼相互作用异常),并在此基础上制定个性化治疗方案。在治疗过程中,还应根据治疗情况实时进行适应性改变。针对单眼和双眼功能的治疗同样重要,针对不同的患者,要根据评估结果进行不同程度的结构化组合,以期完全恢复所有受损功能。在必要的时候,还应在治疗完成后进行长期跟踪,以确保治疗效果能有效保持。对临床现有"已治愈"弱视患者也应进行系统功能测评,并设计针对性治疗方案。

数字时代的挑战：
如何管理孩子的"屏幕时间"？

周 晨 李会杰

数字化时代，儿童与数字设备的相伴成为一种普遍的生活方式。很多家长为了让哭闹的儿童保持安静，会给儿童长时间播放动画片或其他各种视频；很多家长因忙于工作或沉迷于刷视频、玩游戏，无暇或不愿陪伴儿童，也会用电视、电脑或手机等给儿童播放动画片或其他各种视频；当儿童大一些时，各种课外机构开设的线上语文、数学、英语、编程甚至美术课等又陆续进入儿童的生活，进一步增加了儿童的屏幕时间。数字化给学习带来便利的同时，也对家长和尚未成熟的儿童提出了新的挑战，如何应对日益增加的屏幕时间成为每个儿童和家长的必修课。

1. 屏幕时间及其风险

屏幕时间，即观看电视、玩电子游戏与使用计算机或其他电子设备等所花费的时间总和。

从 20 世纪至今，研究者针对屏幕时间与个体发育间的关系进行了一系列的研究，结果较为一致地指出过多的屏幕时间与较差的认知发展、社会心理健康不良及肥胖等有关。研究者在 2011 年 10 月至

2016年10月间收集了2 441名2～5岁加拿大儿童的屏幕时间和发育情况等相关数据,结果发现大多数儿童的屏幕时间都超过了加拿大儿科学会提供的"每天1小时"的指导意见,尤其在儿童3岁时,平均屏幕时间甚至达到了每天3.6小时;追踪分析发现,屏幕时间越长的儿童在随后几年的精细运动、与人沟通及自我需求表达等方面能力越差。上述研究表明屏幕时间与儿童发育之间存在关联,过量的屏幕时间可能会影响儿童5岁前关键期的发育,从而造成儿童早期发育的差距。此外,过长的屏幕时间,意味着儿童将自己的注意力过多地放置于孤立的电子设备上,取代了原本与家人及同伴的社交活动,最终可能阻碍其社会发展和个人技能的提升,甚至对心理健康产生负面影响,增加抑郁情绪。

值得一提的是,2020年发表在《眼科和生理光学》(*Ophthalmic & Physiological Optics*)杂志上的系统综述并未发现屏幕时间和青少年近视发生率之间存在必然联系,青少年近视发生率可能和过重的学习负担、不当的学习环境和坐姿、过多的数字设备使用及缺少足够的户外活动等更多因素有关。

过长的屏幕时间不只影响儿童的行为,还影响着儿童脑结构和功能的发育。研究者利用磁共振成像来探讨屏幕时间对儿童脑发育的影响。他们对47名3～5岁的学龄前儿童分别进行认知测试和磁共振成像扫描,发现屏幕时间越长的儿童,不仅在语言、读写、形象和自我调节方面的技能越低,而且与这些技能密切相关的大脑白质束的完整性也较低。近来,研究者采用静息态脑功能磁共振成像的方法,比较了8～

12岁儿童的阅读时间及屏幕时间与大脑功能连接的关系。他们发现，视觉区、语言区和认知控制脑区的功能连接和阅读时间呈正相关，和屏幕时间则呈负相关。该研究表明，阅读和屏幕时间对儿童脑功能产生了不同的影响，应该提倡儿童和青少年开展更多的阅读并减少屏幕时间。

2. 儿童适宜的屏幕时间

已有研究表明，屏幕时间习惯从婴儿期就开始形成。5岁前是儿童身体和认知快速发展的时期，也是视觉发展的关键期。在这一时期，儿童的家庭生活习惯逐步形成，并且相对容易适应新的生活习惯并做出改变。但是在这一关键时期，过长的屏幕时间会影响儿童的发育状况。对于儿童，多久才是适宜的屏幕时间？世界卫生组织于2019年针对5岁前儿童的屏幕时间提出倡议。

(1) 1岁以下儿童

不建议接触或使用电子屏幕，久坐时，更鼓励与看护人一起阅读或讲故事。

(2) 1～2岁儿童

对于1岁儿童，不建议使用电子屏幕，如看电视或视频，玩电脑游戏等。

对于2岁儿童，久坐在屏幕前的时间不应超过1小时，原则上越少越好。

久坐时，更鼓励与看护人一起阅读或讲故事。

(3) 3~4 岁儿童

久坐在屏幕前的时间不应超过 1 小时，原则上越少越好。

久坐时，更鼓励与看护人一起阅读或讲故事。

2018 年 8 月，教育部、国家卫生健康委员会等八部门联合印发了《综合防控儿童青少年近视实施方案》，该方案对青少年学生的屏幕时间进行了较为详细的规定及建议。比如，使用电子产品开展教学时长原则上不超过教学总时长的 30%；严禁学生将个人手机、平板电脑等电子产品带入课堂；鼓励学生使用电子设备学习 30~40 分钟后，休息远眺放松 10 分钟；如果是非学习目的的电子产品使用，单次不宜超过 15 分钟，每天累计不宜超过 1 小时。

3. 数字时代儿童屏幕时间的困与惑

虽然世界卫生组织及各国的儿科学会都提倡，对于 5 岁前的儿童，屏幕时间建议不超过 1 小时，5~12 岁儿童的屏幕时间不超过 2 小时。但事实上，研究发现，数字一代的儿童，其实际的屏幕时间已经远远超过提倡的屏幕时间；5 岁前的儿童有 2~3 小时的屏幕时间，而 5~12 岁的儿童则有长达 7~8 小时的屏幕时间。作为最需要看护人精心照料的学龄前儿童，家庭是最基本的活动环境，也是屏幕使用的关键场所，父母的屏幕时间及其屏幕限制的自我效能也被认为与儿童的屏幕时间存在密切关系。大多数成人认为儿童的屏幕时间被限制在推荐的时间范围内(即 5 岁前儿童屏幕时间不超过 1 小时,5~12 岁儿童屏幕时间不超过 2 小时)是合适的,但很少有成人能坚持这个屏幕时间限制。屏幕使用率较低的成人(每天低于 2 小时)更倾向限制儿童的屏幕时间。父母的屏幕时间与儿童的屏幕时间存在直接的正相关。频繁使用屏幕的父母对儿童的屏幕时间会有更大的宽容度,父母过长的屏幕时间也降低了他们在限制儿童屏幕时间时的威信,容易引起儿童的反抗情绪。

数字化时代的来临和数字技术的飞速发展,使得屏幕成为人们日常生活方式的重要组成部分。如果家长每天手机不离手,又如何要求儿童远离屏幕?部分家长在面对孩子的吵闹无从下手时,便会将手机、平板电脑等作为最后的安抚工具,希望能借此得到片刻的安宁。面对这样的现实状况,如何有效限制儿童的屏幕时间,带领儿童学会屏幕时间管理的重要性便不言而喻。对此,研究者为家长提供了如下几点建议:

在家中与孩子商议后制定明确的规则,规定允许使用多少屏幕时间以及允许使用哪些类型的屏幕时间,可使用定时器来帮助限制屏幕时间;

遵守这些规则,并说明违反规则的后果;

鼓励孩子在屏幕时间时活动身体,例如让孩子一边看电视一边做伸展运动;

不要在孩子的卧室安装电视或放置电子设备;

鼓励孩子多参加活动,包括各类户外活动、益智活动等,看护人提供高质量的陪伴,如一起阅读、游戏等。

4. 结论

数字化时代下,电子设备的使用已成为重要的生活方式,多项研究表明过长的屏幕时间会影响学龄前儿童的健康发育。家庭作为屏幕时间发生的主要环境,父母应限制自己在家里的屏幕时间,充当积极的榜样,提供高质量的陪伴,有助于减少儿童和青少年的屏幕时间,促进他们健康发育。

眼动追踪技术：
揭开心灵之窗的秘密

人类获取信息很大程度上依赖于人的眼睛。眼睛是心灵的窗户，透过眼睛，我们可以"观察"到人的情绪、注意和思维过程。因此，眼动追踪技术在基础和应用研究中具有重要的意义。随着科技的进步，眼动追踪技术作为一种非侵入性的方法，在心理学研究中发挥着重要的作用。

1. 眼动追踪技术的原理

眼动追踪技术通过测量眼睛的注视点位置或者眼球相对头部的运动而实现对眼球运动的追踪。人眼在观察过程中会产生快速而微小的运动，眼动仪能够准确记录这些运动轨迹和注视点，进而提供视觉行为的定量数据。

2. 眼动记录的常用指标

(1) 注视

注视是指眼睛在某一个点上维持凝视。人眼的解剖学结构决定了只有物体位于中央凹时，才能进行注视。中央凹位于视网膜黄斑的中心，有着最清晰的视敏度。近年来，随着眼动追踪技术的不断发展，注视相关的指标逐渐多样化，常用的指标有注视点个数、首次注视时间、凝视时间、总注视时间、注视点密度、重复注视次数等。不同的指标反映了不同阶段的加工过程，研究者可以灵活运用这些指标，来推测行为背后的认知机制。

(2) 眼跳

眼跳是指从一个中央凹注视点到下一个中央凹注视点的眼球运动。眼跳的幅度可以非常小（例如在阅读中，可能只有几度的视角），也可以相对较大（例如在观景时，从一个地方到周围景物的注视点转移）。通常来说，眼跳会以每秒2～3次的频率出现。常用的眼跳指标有眼跳次数、幅度、频率和距离等。在阅读中，眼跳距离大，说明读者在眼跳前的注视中所获得的信息相对较多，阅读速度较快。

(3) 微眼跳

微眼跳是眼球运动中的一种，是在注视中发生的、不自主的小幅度眼跳，同时伴有震颤和漂移。当微眼跳消失后，人类的视觉感知会由于视觉神经系统的适应而在极短的时间内变得模糊直至消失。同时，微眼跳也在高精度的视觉加工中起到精确控制注视位置的作用。

(4) 瞳孔直径

瞳孔直径反映了自主神经非自愿活动，与情绪、认知或性唤起有关。但瞳孔直径容易受到光照等外界环境的影响，因此很多研究并不将其作为主要的参考指标。

(5) 眨眼

眨眼是眼睑快速闭合和重新张开的半自愿行为。眨眼频率受环境因素(如湿度、温度、亮度)和体力活动的影响。此外,研究证据表明,眨眼频率可能与情绪和认知加工有关,尤其是注意力投入和心理资源投入超负荷时。

3. 心理学研究中的眼动

(1) 视觉注意

视觉注意是指人们从感知到的所有信息中选择特定的内容或元素以进一步加工的过程。眼动追踪技术在视觉注意研究中发挥着重要作用。通过记录被试在不同任务中的眼动行为,研究者可以了解他们对不同刺激的关注程度、注意力持续时间以及在任务中的分心情况。

眼动各项指标也用于识别和诊断障碍人群,如注意缺陷多动障碍儿童在进行视觉搜索任务时的效率显著低于正常儿童,表现为眼动各项指标异常,且注视点个数更多,更容易被无关刺激干扰。

(2) 语言认知

眼动追踪技术也为科学家理解人类的语言加工规律做出了很大的贡献。阅读的本质是对视觉信息的加工,通过分析读者的眼动模式,研究者可以了解到语言加工背后的过程。

例如,读者对于高频出现的词语的注视时间明显短于低频出现的词语,而且词语的字数越多或单词越长,注视时间也越长。在阅读研究中,研究者将读者在一次注视中所获取的有效信息的范围称为知觉广度,中文熟练的读者的知觉广度为 4~6 个汉字,英文熟练的读者的知觉广度为 18~20 个字母。知觉广度包括中央凹加工与副中央凹加工,中央凹的信息非常清晰,而副中央凹的信息比较模糊。利用眼动追踪技术,研究者发现读者还能够加工位于副中央凹的词语信息。

除此之外,阅读方向也会影响知觉广度的分布。在阅读从左向右书写的文字时,如中文、英文、日文等,读者右侧的知觉广度大于左侧;而在阅读从右向左书写的文字时,如希伯来语,则是左侧的知觉广度大于右侧。对于从上到下书写的蒙古族语来说,也有同样相似的特性:注

注意缺陷多动障碍儿童容易被无关刺激干扰,无法专注学习

视点下方的知觉广度大于上方。对此,研究者认为这种知觉广度的不对称性可能是阅读方向造成的注意偏好导致的。

(3) 儿童发展

研究者可以利用眼动追踪技术来探索婴儿的注意,从而推断出婴儿的认知活动。Nicoló Cesana-Arlotti 等人 2018 年发表在《科学》上的研究表明,12~19 个月的婴儿在看需要推理的歧义场景的眼动模式与不需要推理就能识别物体的场景有显著的差异,说明人类在发展的早期(2 岁以前)就有逻辑推理能力了。

除此之外,眼动追踪技术在障碍儿童(如孤独症儿童、发展性阅读障碍儿童等)的研究中具有重要作用。了解这些儿童如何分配视觉注意对他们的学习和认知发展十分重要。有研究采用眼动追踪技术,比较了孤独症儿童、言语障碍儿童和正常儿童在观看社交场景视频时的眼动模式,发现孤独症儿童在视频人物交谈时会过早地将目光从人物身上移开,看面孔的时间更少,而言语障碍儿童看嘴巴的时间更多,这可能反映了言语障碍儿童对有限语音技能的一种补偿。

(4) 消费心理

眼动分析也是广告设计和企业营销的重要参考,大量研究致力于探究如何最大限度地吸引消费者的注意力。有研究使用眼动追踪技术对网络横幅广告的效果和吸引力进行了评价,发现动态和静态的广告对用户的吸引力没有差异。

在网页搜索任务中,年轻参与者的注视持续时间比年龄较大的参与者短,这意味着年轻人加工图像信息要比年长者更容易。在广告领域,对于场景感知和视觉搜索的眼动研究处于初步阶段,未来,眼动追踪技术将在广告等商业领域发挥更大的作用。

(5) 情绪与情感

眼动追踪技术在研究情绪与情感方面也发挥着重要作用。人眼在面对不同情绪刺激时的注视模式也会有所不同,这种差异可以通过眼动追踪技术进行分析。在观看图片时,观察者会将注意更多地放在有情绪意义的部分:例如,当人们观看恐惧的面孔时,注意更多被集中在眼睛区域;而当人们观看愉快的面孔时,相对地,更多的注意被集中在嘴部区域。对人类的神经影像学研究表明,对恐惧面孔中眼睛的扫视

孤独症儿童在与人交谈时会过早地把目光从人物身上移开

显著地增强了杏仁核的激活。

研究者可以通过观察被试对情绪刺激的注视点和注视时间来推断他们对不同情感的反应和注意偏好。这对于理解情绪与认知之间的关系以及情绪障碍的研究具有重要意义。例如，研究者采用眼动追踪技术发现，孤独症患者在加工情绪面孔时，会更频繁地注视那些与情绪核心特征无关的面孔区域，表明孤独症患者在情绪识别方面有缺陷，并且这种缺陷主要表现在对恐惧情绪识别上的不足。

4. 小结

眼动追踪技术作为一种非侵入性的方法，为心理学研究提供了独

人眼在不同情绪状态下的注视模式

特的视角。通过记录和分析眼动行为，我们可以深入了解人们的注意力、思维过程和情绪反应。随着技术的不断进步，眼动追踪技术在心理学领域的应用将会更加广泛和深入，帮助我们揭开心灵的秘密，极大地推动心理学的发展。

视觉世界
visual world

> 人并非用眼睛去看环境，
> 而是用立于地面、附于身体、
> 嵌于头颅之眼去看环境。
>
> —— 詹姆斯·J. 吉布森
> James J. Gibson

第六章
大脑透视篇

给大脑拍张照：
磁共振成像如何"看清"大脑活动

李慧娴　严超赣

如今，很多医院都配有一种很神奇的仪器，人往这个仪器上一躺，就被移到一个像大白筒的机器中，仅仅几分钟的时间，医生就可以看到身体各部位，特别是大脑内部的三维图像。更重要的是，这个过程不需要注射任何物质，无任何辐射，而仅仅是给身体加上了一个磁场，对人体没有明显的不良影响。

1. 磁共振成像技术及其在医学中的应用

这种神奇的仪器是量子力学和生理学研究为医学和心理学带来的一项划时代的技术——磁共振成像技术。它可以全方位为你的身体拍照。它直接显示出横断面、矢状面、冠状面和各种斜面的体层图像，提供的信息比医学影像学中的其他许多成像技术更为丰富。目前，磁共振成像仪器在临床上主要用于头部、脊柱、四肢、盆腔和胸腹部的检查。磁共振成像仪为身体内部组织拍摄的照片被称为"结构像"，拍出来的效果还是很不错的，可以看到很清晰的组织分界线。

磁共振成像仪器对人体的某些部位（如大脑等）进行扫描时，可以得到氢原子核在人体组织中的密度分布。不同组织的水含量是不同的，病变组织的水含量又与正常组织不同，因此可以通过对比来了解机体组织的状况，以作为诊断的重要依据。假如患者大脑中存在着肿瘤，他只需躺入磁共振成像仪器中短短几分钟，医生便可以很快地获得其大脑内部的三维图像信息，并据此定位肿瘤位置，制定切除手术方案。假如患者的大脑出血了，通过磁共振成像仪器便可很快找到出血位置。假如患者患了脑退化症，随着病程的加重，他大脑的某些部位也在发生着改变（如某些部位发生萎缩），通过磁共振成像仪器，这一改变可以被清晰地呈现出来。

2. 功能磁共振成像

磁共振成像还有一个重要的分支——功能磁共振成像。上述磁共振成像呈现出的只是人体结构的静态分布，而功能磁共振成像可以"读出"人脑的活动，它在降低成像清晰度的前提下，能够以非常短的时间间隔（比如 2 秒）对大脑进行反复扫描成像，因而可以得到四维（三维空间加时间维度）的图像信息，在磁共振成像的基础上又向前迈进了一步。

功能磁共振成像的发展得益于血液循环生理学家的研究。在接受外界刺激后，大脑皮层相应部位的神经活动会发生改变，不同的刺激会引起大脑不同区域的激活改变，功能磁共振成像就是基于一种叫作血氧水平依赖的现象，利用神经细胞活动引起的局部脑血流中脱氧血红蛋白含量的改变来进行成像，间接检测患者或被试大脑的神经活动。具体来说，大脑神经细胞活动是需要消耗葡萄糖和氧气的，这两者需要周边的毛细血管来进行供给。当大脑某区域神经细胞活动增强时,此区域的血流量会增多,供给的氧气远远超出消耗的氧气,因此血管里含氧的血红蛋白数量会增加,脱氧的血红蛋白数量会减少,使得这一活动区域在磁共振扫描中产生的信号增强。那么在一段时间的"照相""摄像"过程中,神经活动区域的图像信号变化就会与其他区域的不同。

通过无伤害观察大脑活动的方法——功能磁共振成像技术,心理学家把认知理论和神经科学结合起来,开始对人脑的认知机能进行研究,迈上为意识寻找物质基础的新征程。那么,心理学家是如何利用功能磁共振成像技术来研究人类大脑的呢?大脑在进行认知加工时,对应区域的神经活动会增强,其在功能磁共振成像图上表现为高信号。心理学家采用认知减法原则,通过不同类型的任务条件,对比任务间的脑活动水平,找到与某个认知加工相关的脑区。例如用于研究认知控制加工的斯特鲁普实验:屏幕依次呈现一个一个不同颜色的单词,被试要尽快并尽量正确地说出每个词的颜色,而不理会这个词的名称及其所代表的意义。在冲突条件下,单词的颜色和单词的意义不一致,被试需要抑制对单词意义的加工,因而与抑制控制有关的脑区在该条件下会有显著的活动。虽然冲突条件也会激活视觉、运动、注意等认知加工对应的脑区,但这些脑区在非冲突条件下也会激活,我们通过对两种条件下的脑活动进行对比,就可以揭示出抑制控制对应的脑区。实际操作中,功能磁共振成像的数据分析很复杂,涉及数据预处理(头动矫正、去除噪声、转化到标准空间等)、脑激活一阶分析(基于任务刺激构建广义线性模型,计算个体水平在各个条件下的激活程度)、组水平统计分析等。总之,通过认知心理学与功能磁共振成像技术的结合,研究者可以将某种心理功能与大脑的某些区域联系起来,进而确定某个脑区的功能,找到心理功能的生理基础。

3. 静息态脑功能磁共振成像

一直以来,与任务态相对的静息态(休息状态,被试不接受外在刺激也不做任何任务)被认为是任务态的衬托与基线,研究者认为静息态下的脑活动只是无规律的背景噪声。直到 1995 年,Biswal 等人的研究首次证实了静息态下的血氧水平依赖信号并非杂乱无章,而是大脑的一种自发活动,并且这种自发活动具有固定的规律。他们发现,在静息态下,大脑双侧感觉运动皮层的脑自发活动显著关联,这与手指任务态下形成的脑激活模式高度相似。这项研究翻开了静息态脑功能磁共振成像研究历史性的一页。此外,研究进一步发现,在任务态下,大脑消耗的能量远远小于静息态。

与任务态脑功能磁共振成像研究不同,静息态脑功能磁共振成像只需要被试在磁共振成像扫描仪中安静平躺 5～10 分钟,具有设计简单、便于积累大数据、临床易实施、患者易配合等独特优势,因而成为心理学和临床诊疗应用研究中的一大热点。静息态脑功能磁共振成像揭示了大脑固有的自发活动规律、连接模式以及脑网络拓扑特征。通过静息态脑功能磁共振成像,研究者也可以识别出初级感知觉网络(运动、听觉、视觉网络)和高级认知功能网络(语言、注意、执行控制、工作记忆、默认网络),可能为神经外科手术方案的制定提供更加丰富的信息。

为大脑拍照的磁共振成像技术大大地推动了医学和心理学的发展,这一技术的价值是毋庸置疑的。但是,在为磁共振成像技术拍手称快的同时,也应该看到它存在的一些问题:使用昂贵,图像质量有待加强,生理意义尚不明确,数据处理流程复杂,结果转化应用有待推进,等等。特别是在静息态脑功能磁共振成像领域,其计算方法还饱受一系列争议和问题困扰,包括头动、标准化和多重比较校正等。中国科学院心理研究所严超赣研究团队为这一系列方法学问题提出了广受领域认可和引用的解决方案。该团队还对其计算方法进行了规范化,建立了被引3 000余次的脑成像流水线式计算平台DPARSF,并成立了脑成像分析与共享平台DPABI。这些方法学上的改进和软件平台上的支持,为静息态脑功能磁共振成像走向临床应用奠定了一些前期基础,便于今后积累多种脑部疾病的静息态脑功能磁共振成像大数据,还可以采用深度学习训练分类器,实现人工智能辅助精神疾病的诊断和治疗。

磁共振成像技术给人类的发展带来了巨大的进步,我们有理由相信,在研究者的不断努力之下,它会发挥出更大、更充分的作用。

大脑是如何工作的？
揭开大脑组织与功能的奥秘

姜黎黎

人的大脑是世界上最复杂的系统之一。据估计，成人的大脑中约有 10^{11} 个神经元细胞、10^{15} 个突触连接。从神经元之间的电化学信号传递到细胞阵列之间的耦合，再到脑区之间的相互作用，这其中包含了多种时间及空间尺度。大脑不仅包含上述内部信息的传递过程，还对外界自然刺激，如光、声音等做出感知觉反应，更具有学习、记忆、注意等高级认知功能。从人类个体发展的时间尺度来看，大脑终其一生都在发生着变化，包括形态解剖与动力学特征的改变及认知能力的倒 U 形变化。以上这些动态过程是否也能利用理论系统生物学中的微分方程借以网络的概念来研究？大脑是如何进行内部信息传递及如何应对外界环境变化的？大脑这一动力学系统中蕴含的物理规律即人脑功能组织原理是什么？脑与行为的关系是一对一的、分脑区执行功能，还是一对多的、多脑区形成通路，还是以更复杂的脑网络的形式来工作的？

19 世纪，认知神经科学家大多是基于"一对一"的关系来研究大脑功能组织原理的，他们认为大脑功能由特异的脑区负责，诸如布罗卡区、韦尼克区等。对于皮层的功能分区研究一直持续到现在。然而越来越多的研究者开始接受脑功能是由多个脑区分工协作来完成的这一观点。尤其是最近20年,功能磁共振成像技术的发展使得我们可以定量测量大样本的大脑形态、解剖学特征及功能。我们一直致力于从物理学的、定量的角度来研究大脑功能组织原理,以提出新的功能磁共振成像计算方法为突破口,通过定量研究脑与行为之间的关联,试图给心理学概念以更多的定量解释。

1. 局部功能一致性

如何利用海量的磁共振成像数据刻画大脑动力学特征,进而成为正常及异常精神心理行为的生物标志物,是磁共振成像方法学及计算神经科学的重点问题。局部一致性,描述大脑局部紧邻区域多个时间序列的同步性,已经成功检测出多种神经精神疾病患者与正常人之间的脑成像差异。利用公开数据库及采集的大样本磁共振成像数据,我们对局部功能一致性进行了系统研究,结果发现:第一,局部一致性的神经生物学意义。腹侧视觉通路中的各脑区的平均局部一致性随着信息加工复杂度(或等级)的增大而减小;在前额叶及后内侧皮层这两个联合皮层,局部一致性也有着等级分布规律;局部一致性的协变网络由五个等级组织的模块构成。第二,跟健康人相比,孤独症患者的中额皮层、左侧楔前叶、右侧颞上沟局部一致性增加,右侧岛叶局部一致性减小,并且右侧额中回与右侧颞上沟局部一致性与孤独症的行为学测量有显著相关。第三,在早发型及成人精神分裂症患者中,均发现右侧额上回局部一致性升高,并且在成人精神分裂症患者中与阳性和阴性精神症状评定量表(Positive and Negative Syndrome Scale, PANSS)中的阳性症状显著相关。仅在早发型精神分裂症患者中检测到局部一致性减小的脑区包括右侧中央后回及左侧中枕叶。这些脑区与其对侧半球对应脑区之间的远距离连接也受损了。而且仅仅在典型发育儿童中存在局部一致性与远距离连接的显著相关。这些发现证实了精神分裂症是一种距离相关的神经发育连接异常疾病。以大脑局部一致性为突破口，我们的一系列研究扩展了磁共振成像方法学及计算神经科学理论体系，有望为正常及异常脑功能研究提供理论参考，并最终促进大脑功能组织原理的阐明。

2. 功能临界性指标

2018年，非线性动力学理论分析证明，在已知系统动力学输出但网络连接细节未知的情况下，通过寻找具有相变动力学特征的节点集，就可以预测系统的突变行为。将此相变动力学特征应用于全脑动力学输出(即功能磁共振成像时间序列)，我们提出了功能临界性指标。从非线性动力学角度预测大脑系统的突变行为，功能临界性指标将为神经影像领域研究提供系统的、高效的、动力学的视角。

利用功能临界性指标计算方法及阿尔茨海默病整个病程的临床及神经影像数据，包括主观认知障碍、轻度认知障碍及阿尔茨海默病患者的临床及神经影像数据，我们发现：主观认知障碍及轻度认知障碍患者功能临界性指标均有异常；主观认知障碍患者的右侧颞中回功能临界性与蒙特利尔认知评估量表（Montreal Cognitive Assessment，MoCA）总分显著负相关；与功能临界性指标计算公式中的三个成分（标准差、集团内相关、集团外相关）相比，功能临界性指标是非常敏感的；轻度认知障碍患者具有最多的功能临界性指标异常，这也许表明轻度认知障碍是阿尔茨海默病病程中的关键阶段。

左脑理性，右脑感性？
左右脑全面发展才是好脑子

靳鑫虎

如果问起人体当中最重要的器官是什么，相信很多人都会给出"大脑"这个回答。不过仔细想想，这个结论本身就是大脑自己得出来的。大脑真是一个"自恋而又任性的家伙"。虽然大脑只占人体整体质量的2%，但它却要消耗人体约20%的能量，因为它既要支配人的各种生命活动，还是一切心理活动的物质基础。作为指挥人类各个复杂而精密器官的司令部，大脑的确起着至关重要的作用，在人体中有着举足轻重的地位。认识大脑，研究大脑，能够帮助我们更好地了解自己。

1. 对称还是不对称：小孩才做选择，我全都要

摸摸我们的脑袋瓜，每个人都只有一个大脑，不管从哪个方向看都是一整个。然而大脑其实分成了左右两部分，中间由一束叫作胼胝体的桥梁相连。从整体的左右半球的角度上说，大脑的左右半球在宏观的解剖、细胞构筑以及功能组织上具有类似的组织特征；从具体的左右对应区域的角度上说，大脑一侧半球的某个脑区在对应的另一侧半球都会有一个相似脑区。总的来说，大脑由两个左右大致对称的半球组成，两者在质量和体积等方面非常类似，但实际上大脑的左右半球存在

结构和功能的显著差异,即左右脑的不对称性。结构方面,领域内所熟知的不对称包括左枕突起型和雅科夫列夫扭矩。对于普通人来说,枕叶在左脑会大于右脑,前额叶在右脑会大于左脑,由于头骨是左右基本对称的,这就造成两边的组织会相互挤压,形成旋转的效果,称为雅科夫列夫扭矩。而功能方面,目前最为人所公认的就是语言功能的左偏侧化和视空间注意功能的右偏侧化。通过采用一系列方法,研究者可以对大脑解剖上观察到的结构不对称与功能偏侧化之间的对应程度进行探究。这些方法包括了被试执行偏侧化任务时同步地测量神经元和血流动力学变化,比如瓦达试验(评价个体大脑半球功能偏侧化的金标准)以及将大脑左右半球分离或者抑制一侧半球的皮层功能活动,比如选择割裂脑患者作为研究对象。

所谓的割裂脑实验就是将大脑左右两个半球之间的胼胝体割断,外界信息传至大脑半球皮层某一部分后,不能同时立即将此信息通过胼胝体传至大脑对侧皮层相对应的部分。每个大脑半球各自独立地进行活动,彼此无法知道对侧半球的活动情况。美国心理生物学家罗杰·斯佩里(Roger Sperry)原本是为了治疗癫痫患者,给他们做了割裂脑手术,即切断他们的胼胝体。手术后他发现患者的癫痫确实不再发作,但是也无法回答出其左侧视野看到的物品的名称。原来患者在失去胼胝体后,左侧视野的信号进入右脑后无法和位于左脑的语言功能区沟通,因而患者就回答不出物品的名称了。斯佩里在 1952 年至 1961 年的 10 年时间里,先用猫、猴子、猩猩做了大量的割裂脑实验,取得了一些成果,这也为以后做"裂脑人"的研究奠定了基础。从 1961 年开始,斯佩里将"裂脑人"作为探究大脑左右半球各种机能的研究对象,进行了长时间的、一系列的实验研究。通过这些著名的割裂脑实验,斯佩里证实了大脑不对称性的"左右脑分工理论",也因此荣获1981年的诺贝尔生理学或医学奖。

我们通常会说左脑是"意识脑""抽象脑""学术脑""语言脑"等。大脑左半球主要负责逻辑、理解、思考、记忆、语言、知识、分析、判断、推理等理性知识,思维方式具有连续性、延续性和分析性。而右脑可以称作"本能脑""创造脑""艺术脑""音乐脑"等。大脑右半球主要负责空间、形象、记忆、直觉、情感、身体协调、美术、音乐节奏、想象、灵感、顿悟等感性知识,思维方式具有无序性、跳跃性、直觉性。需要特别强调的是,以上这些结论是基于"裂脑人"研究得到的,并非大脑的实际情况。由于胼胝体的存在,大脑的左右半球并不是完全独立的,而是可以通过胼胝体进行跨左右半球的信息交流。因此,所有认知功能的产生和执行都是由大脑的左右半球分工协作共同来完成的。

在人类演化的过程中,大脑也随之在进化与扩大,导致大脑的复杂性增加,同时信息经由胼胝体在相对更大的大脑左右半球之间进行传递,必然会在时间上和能量上带来额外的巨大损耗,这可能更加有利于单侧神经网络在大脑中的形成与发展,进而导致大脑中结构不对称和功能偏侧化的出现。总的来说,大脑不对称性对人类是有益的。由于大脑不对称性在进化上出现得比较晚,所以大脑不对称性程度比较明显的一般都对应的是较为高级的认知功能。这里以语言功能的左脑偏侧化为例。首先,这种大脑基本功能组织特征的形成避免了左右半球在语言活动中对于肌肉控制的竞争;其次,在大脑左侧半球的语言区之间进行信息传递,相比在左右半球之间也更加高效。在这种情况下,大脑结构的左右半球简单复制与大脑半球功能出现偏侧化相比就显得低效很多。

语言功能的左脑偏侧化反映到大脑区域水平上,表现为主管语言信息处理的布罗卡区和用于单词意义理解的韦尼克区在大脑的左半球更发达,会更多参与到语言相关的认知过程中。语言功能的左脑偏侧化与性别和利手有关,男性相较于女性会有更强的语言功能或利手的不对称性。在整个人群中,约90%的人是右利手,其中大约97%表现出语言功能的左脑偏侧化,只有3%表现出右脑偏侧化或者双侧化。而到了左利手群体中,以上这两个数字则分别转变为70%和30%。如果想要快速找到语言功能右脑偏侧化或者双侧化的个体,我认为有一个快捷的方法就是在左利手群体中采用双耳分听测验进行筛查,成绩表现出左耳优势的个体有更大的概率就是语言功能右脑偏侧化的个体。当然除此之外,我们还可以采用更加先进的神经影像学技术手段,包括脑电图、脑磁图、近红外光谱、正电子发射断层成像以及磁共振成像等技术。综上所述,我们的人脑组织形式既存在左右半球的对称性,也存在结构和功能的不对称性。

2. 左脑还是右脑:我要左右脑全面发展

有研究发现,大脑蕴藏无数待开发的资源,因而,如何让我们的大脑得到全面、均衡的发展就显得尤为关键。大脑与肢体是左右交叉支配的,即大脑左半球支配着右侧肢体,而大脑右半球支配着左侧肢体。所以我们要在充分认识人脑功能偏侧化的基础上,采用适当的方式更好地将左右脑结合起来进行左右脑的进一步协同,从而充分开发大脑的潜能。对于正常人来说,大脑左右两半球的功能是需要均衡和协调发展的,既各司其职又密切配合,二者相辅相成,构成一个统一的整体。若没有左脑功能的发展,右脑功能也不可能有所谓的开发,反之亦然。因此,最终目的还是要促进大脑左右半球的均衡和协调发展,从整体上使我们的大脑得到全面发展。大脑在我们的一生之中都是具有可塑性的,这里我们根据已有的研究结果,提出了两种可能行之有效的方法——音乐训练和双语学习来促进大脑的全面发展。

(1) 学点音乐,哎哟不错哟

音乐训练经验被普遍认为与大脑可塑性直接相关。与左侧听皮质相比,音乐训练经验在言语任务中显著增强右侧听皮质的激活强度和功能、结构连接强度,这些结果更加明确说明了音乐训练带来的可塑性更多位于大脑右侧听皮质而非左侧听皮质,右半球会因此更好地参与进来。儿童期是大脑发展的关键期,之前的研究发现音乐训练会显著增强儿童的执行控制能力,包括注意和工作记忆,并且音乐训练时间越长促进效果越明显。而人一旦到了老年阶段,则会有明显的言语感知和理解能力的下降,这尤其影响老年人的正常社交活动。之前相关的研究发现,音乐训练经验可能对抗和延缓老化引起的噪声下言语感知能力衰退,从而一定程度上弥补老年人因为听不到和听不清而对其正常生活产生的影响。以上的这些研究结果都进一步说明了音乐训练经验对于大脑具有可塑性,所以不管是在大脑发育的早期还是生命进入尾声的晚期,音乐训练都可以促进大脑左右半球的协调发展,从整体上使我们的大脑得到全面的发展。

(2) 学门外语,可以试试哎

双语学习简而言之是指除了母语之外,还进行第二种语言(外语)的学习。以往研究发现,学习和使用一种以上的语言会影响大脑的结构和功能,包括与认知控制相关的脑区以及这些脑区之间的功能连接等。研究者据此认为,外语的相关知识和使用会创建两个表征形式,它们在语言处理和产生的多个层次上存在竞争选择。成功顺利的沟通需要相应的解决方案,但同时也对语言和非语言执行控制系统提出了更高的要求。这就需要大脑在结构和功能上都能适应双语转换和竞争的要求,从而以最优化的方式处理这些需求。在双语学习过程中,大脑在处理不同交际环境的认知需求时会优中选优(即可塑性在大脑结构和功能上的反映),从而达到最高的效率。就双语的使用而言,这种神经认知的优化是一个动态的过程,受语言使用的持续时间、程度及其综合作用的调节。综上所述,双语学习同样可以塑造我们的大脑,从整体上使我们的大脑得到更加全面的发展。

走近"读心术":
科学家如何解码人类思维?

王子涵 严超赣

试想这样一个情景:在一间宁静的病房里,一名长期受疾病困扰,无法通过语言或肢体动作表达内心想法的患者躺在床上。他的眼神流露出期待,仿佛寻求着一个能够理解他的人。这时,一位科学家走进病房,他把一台小巧的机器轻轻地放在这名患者的头部,屏息静气地等待着。几分钟后,机器屏幕上开始显示文字,那是患者的内心话语,包括他的痛苦、他的希望、他的爱等。在银幕上,超级英雄可以随意地探索他人的思维,但在现实世界中,人与人之间有着无法逾越的壁垒,我们很难感知他人的思想。然而,科学研究已经开始探索这个看似神秘的领域,虽然我们离读取和解析人类思维还有很长的路要走,但我们已经开始迈出第一步。也许有一天,我们真的能"读心"。

1. 什么是读心术?

读心术,即大脑神经影像解码,主要是通过解码大脑活动数据解释和预测大脑活动与感知、认知、行为之间的关系,揭示人类思维的神经基础。它能够从大脑活动数据中提取人类思考的内容、看到的图像、体验的情感等信息。

大脑解码在许多领域都有其应用价值。在娱乐领域,通过解码大脑活动,可以实现与虚拟现实游戏的交互,提供更加身临其境的游戏体验。在智能家居领域,大脑解码可以用于解析用户的意图和情感,实现智能家居设备的智能控制。大脑解码对于神经和精神系统疾病的发现和诊断也具有重要意义。通过对比健康人和疾病患者的大脑活动解码结果,我们可以找到疾病的生物标志物,为疾病的早期发现和精准诊断提供可能。这将有助于改善疾病患者的治疗方案和预后评估,为精准医疗提供新的手段和方法。此外,大脑解码还可以为人类提供与外部世界通信的方式,例如通过解码大脑活动将大脑的命令直接转换成机器的操作指令,为残障人士提供与外界通信的方式,有助于改善残障人

大脑解码在虚拟现实游戏中的应用,让人有身临其境之感

士的生活质量,并推动人工智能和机器人技术的发展。

2. 大脑解码的研究发展

1929年,德国神经科学家汉斯·伯杰(Hans Berger)首次记录到人类脑电波信号。他的工作开启了对人类脑电活动的研究,为后续的脑机接口技术奠定了基础。1969年,美国国立卫生研究院的研究者尝试将微电极植入动物大脑,实现了通过动物脑电波信号控制外部设备的目的。这项研究是脑机接口技术的重要里程碑,它首次展示了脑电波信号可以被用来控制物理设备。

20世纪70年代至80年代初期,脑机接口的概念与设想被提出。最有代表性的工作是基于视觉事件相关电位的脑机接口系统,这个系统通过注视同一视觉刺激的不同位置实现了对四种控制指令的选择。

20世纪80年代末期至90年代末期,研究者研发了实时且可行的脑机接口系统,定义了几种主要研究范式,包括P300拼写器、控制移动机器人、控制一维光标、视觉注视选择拼写器中的符号等相对模糊和粗糙的控制。

21世纪初期,脑机接口技术得到了大力发展,其中包括研究范式和应用,脑电波信号采集技术、信号处理方法和信号分析算法。其中,2000—2003年,美国杜克大学尼科莱利斯(Nicolelis)团队在猴的大脑中植入电极,实现了脑机接口系统控制机械臂。2006年,美国布朗大学开展首例植入式脑机接口人体实验,实现了人脑对机械臂的控制。

3. 大脑解码中的信号采集技术

在大脑解码的研究中，信号采集技术起着至关重要的作用。信号采集技术可以帮助科学家获取脑电波信号，这些信号是解码大脑思维的关键。

大脑解码所涉及的信号采集技术可大致分为侵入式和非侵入式两种。侵入式信号采集技术包括脑皮层电图、单神经元记录、局部场电位记录；非侵入式信号采集技术则包括脑电图、脑磁图、功能性近红外光谱技术、正电子发射体层摄影和功能磁共振成像。这些技术各有其优点和缺点，适用于不同的研究领域和环境。

侵入式信号采集技术由于需要直接与大脑接触，因此对于神经电活动的测量具有更精细的时间和空间分辨率。脑皮层电图技术测量的是大脑皮层的电信号，能提供详细的神经活动信息，而且由于信号传输路径短，噪声干扰较少，数据质量优于非侵入式采集技术。然而，它的主要缺点是会对被试造成一定的身体伤害，且需要通过手术植入电极，操作复杂，风险较大。单神经元记录技术则能直接测量单个神经元的活动，对于理解神经元的具体功能具有很高的价值，但操作难度大且侵害性强。局部场电位记录技术能揭示神经元集群的集体行为，对于理解脑内神经网络的构成和功能具有重要价值，但同样面临侵害性强、操作难度大的问题。

非侵入式信号采集技术则不需要直接与大脑接触，对被试伤害较小。脑电图利用头皮上的电极来测量脑电活动,优点是时间分辨率高,能捕捉到毫秒级别的神经活动变化,而且设备便携,操作相对简单。但是,其空间分辨率较低,难以确定电信号来源的精确位置。脑磁图通过测量脑电活动产生的磁场变化来了解神经活动,其空间分辨率和时间分辨率都相对较高,但设备昂贵,对环境要求高,限制了其广泛应用。功能性近红外光谱技术通过测量脑血氧饱和度的变化来推断神经活动,设备相对便宜,操作简单,适合长时间和现场测量,但空间和时间分辨率都较低。正电子发射体层摄影能提供精细的大脑代谢活动图像,但设备昂贵,操作复杂,而且需要注射放射性物质,对被试有一定的潜在风险。

相比之下,功能磁共振成像的优势在于其既具有较高的空间分辨

利用功能磁共振成像技术采集脑电波信号

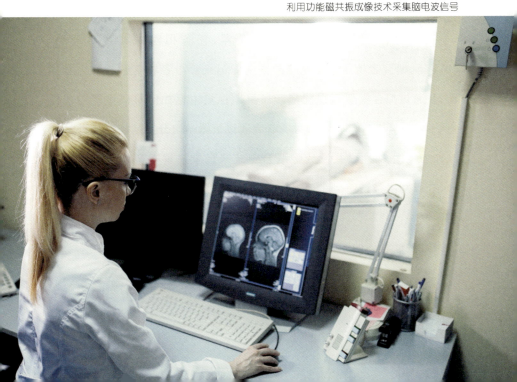

率,又无须进行侵入式手术。功能磁共振成像通过测量脑血氧水平依赖信号的变化,能精细地描绘出大脑的活动区域,并反映出相关的神经活动。尽管功能磁共振成像的时间分辨率不如脑电图和脑磁图,但对于很多研究问题来说,其优秀的空间分辨率使得我们可以更深入地探讨大脑的结构和功能,包括神经网络的连接性以及大脑各区域的功能差异等。

4. 大脑解码的应用

大脑解码技术主要有两种应用:感知信息解码和生成信息解码。其中感知信息解码主要包括视觉、听觉、触觉等外部刺激的解码,生成信息解码主要包括语言、动作、想象等自发产生的响应解码。

感知信息解码的应用发展得更早,任务相对来说也更容易。2011年,研究者就通过功能磁共振成像记录参与者看电影时的大脑活动,并通过拟合模型可视化揭示了早期视觉中枢如何解码电影中的信息。2018年和2023年,有两项研究通过机器学习分别从功能磁共振成像和脑电图-功能磁共振成像联合范式来记录被试听音乐时的大脑活动,并识别出被试听到的音乐的类别。随着视觉图像领域深度学习模型的发展,2023年,有研究者通过扩散模型从功能磁共振成像中清晰地还原出被试看到的图像。

大脑感知信息解码技术的发展已日趋成熟,但是人们更希望解码生成信息,从而使得人类能够更加自由地进行语言和动作表达。

2016年，荷兰研究团队开发出全植入的脑皮层电图脑机接口系统，帮助渐冻症患者打字。2017年，研究者通过植入电极并使用脑机接口技术，帮助脊髓损伤患者控制他们的义肢，从而帮助他们重新获得运动能力。2020年，研究者评估了脑机接口的皮层内电极阵列信号恢复丢失语音的潜力，测量了解码器的性能，并通过神经模式匹配方法合成语音，解码了中央前回"手旋钮"区域与大声说出单词的神经相关性。2021年，《自然》杂志的一篇封面论文引起了广泛关注。研究者找到一名高度脊髓损伤、颈部以下瘫痪9年的被试，并在他的大脑中放置了两个96电极皮质内阵列，然后使用递归神经网络解码方法，从运动皮层的神经活动中解码被试"尝试"的手写运动，并将其实时转换为文本。与想象手写字符不同，2021年和2022年，分别发表在《新英格兰医学杂志》和《自然·通讯》的2篇文章均找到了构音不全合并四肢瘫痪或麻痹的被试，在其控制语言的感觉运动皮质区上方植入高密度多电极阵列，并让其执行拼写任务，尝试默念相应的字母，然后使用深度学习算法创建计算模型，从记录的皮质活动模式中检测单词。

虽然目前已经有一些工作可以通过被试的语音区或者运动区的大脑信号解码被试所想表达的语言，但是为了保证时空分辨率，研究者使用的均为侵入式信号采集技术。这种技术需要配合外科手术，将电极植入被试大脑内部，具有一定的危险性，无法广泛应用。

近期，一项根据使用功能磁共振成像记录的皮质语义表示来重建连续语言的工作进入了大家的视野，引起了不小的轰动。在这项工作中，研究者首先记录了被试听16小时自然讲述的叙事故事时的大脑反应,通过提取捕获刺激短语含义的语义特征并使用线性回归来模拟语义特征如何影响大脑反应,进而来训练该数据集的编码模型。给定任意单词序列,编码模型可以相当准确地预测被试的大脑在听到该序列时的反应。然后,研究者使用了生成式预训练变换模型(Generative Pre-trained Transformer,GPT)预测接下来可能出现的单词。编码模型可以通过测量记录的大脑反应与预测的大脑反应的匹配程度,对单词序列引起记录的大脑反应的可能性进行评分,选择最优的单词维持一个具有200个候选序列的波束,从而无限逼近大脑中听到的单词或短语。给定一个新的大脑记录,这项工作就可以生成可理解的单词序列,并且在一定程度上可以恢复感知语音、想象语音甚至无声视频的含义。虽然这项工作可以近似还原人类大脑中所听到及想象的语言信息,但是它目前只能在同一个被试内部进行语言的生成,无法广泛应用。

在这些研究中,研究者通常让被试在进行特定的任务时进行脑功能成像,然后再对成像数据进行解码。然而,这种方法有一个问题,就是我们通常只能解码被试在进行任务时的思维内容,而不能解码被试在自发思维状态下的思维内容。然而,人类的大部分时间都在进行自发思维,而这些自发思维的内容可能与我们的个性、情绪状态、社会环境等有关,因此,如果我们能够解码自发思维的内容,那么我们就可能更深入地理解人类的心理和行为。

2021年,中国科学院心理研究所严超赣研究团队开发了直接测量静息态自发思维的出声思维功能磁共振成像研究范式,研究了静息态自发思维的内容特征和出声思维下的大脑激活模式。该研究探究了直接测量静息态自发思维的方法——出声思维法的可行性与有效性。基于方法上的可行性,研究团队使用自然语言处理对思维内容进行了直接量化分析,计算了思维内容差异性和悲伤情绪表达指标,并进一步探究了这两项内容的特征指标和个体特质之间的关系。该研究明确了量化指标行为意义,证明了反刍是一种黏性、负性倾向的自发思维,同时验证了出声思维法对静息态自发思维研究的潜在价值。接下来,研究团队将出声思维法应用于静息态脑功能磁共振扫描中,探究了出声思维下的大脑激活模式。之后,研究团队计算了思维内容差异性指标和出声思维下的大脑活动之间的关系。最后,研究团队通过在全脑三个神经尺度上进行表征相似性分析探索了自发思维的神经表征。研究发

人在放空状态下进行自发思维

现，静息态自发思维与广泛的大脑区域相关。该研究强调了在静息态脑功能磁共振成像中考虑持续进行的认知活动的重要性，为时空神经科学提供了支持，并为出声思维功能磁共振成像提供了初步的方法学支持。出声思维功能磁共振成像研究范式让我们同时拥有被试的思维内容和脑功能成像，严超赣研究团队正结合自然语言处理技术和时间序列循环神经网络深度学习技术来通过脑影像推断人们在想什么。目前，研究团队已经能够在独立被试上解码大范围的思维状态，未来将继续努力，实现通过脑扫描来精确地解码人们在想什么。

解码自发思维的内容是一个非常重要的研究目标。然而，自发思维的内容通常比较复杂和难以预测，因此，如何从自发思维产生的脑功能成像数据中提取出有用的信息，如何设计有效的模型来进行解码，如何验证解码结果的准确性和可信性等，仍然是需要解决的重要问题。

5. 挑战与未来

脑功能磁共振成像信号解码的研究是神经科学中的一个重要领域，其中涉及许多复杂且关键的问题。在信号采集方面，噪声过大、时间空间分辨率低以及设备侵入性等问题长期困扰着研究者。噪声大会影响信号的准确性，时间空间分辨率低就无法获得细节丰富的大脑活动信息，而设备的侵入性则在一定程度上限制了实验的可行性和舒适度。另一方面，个体差异也为信号解码带来了挑战。被试的生理差异、思维习惯的不同，都可能导致信号解码过程中出现差错或误读。这种个体性的差异使得解码模型难以形成通用的解读规则。如何进行跨站点、跨被试的解码是需要解决的难题。此外，解码方法也存在着问题。对于如何将复杂的大脑活动建成数学模型，仍然有很多挑战。目前的解码结果往往很模糊，难以提供具体的内容，如物体的颜色、形状等细节信息。

然而，尽管当前面临诸多挑战，但我们有理由相信未来依然充满希望。科技的不断进步可能带来信噪比的提高、时间空间分辨率的提升、便携无创式采集技术的发展。对于个体差异，我们期待深度学习等人工智能技术从大量数据中学习和理解被试的生理差异与思维习惯，并将这些因素纳入解码模型中，以提高解码的准确性。至于解码方法，未来的研究可能会采用更复杂的模型来理解从刺激到大脑活动的转化过程。同时，随着技术的进步，我们可能会得到更精细的解码结果，包括对物体的颜色、形状等细节信息的解码，以实现更高程度的"读心"。

总的来说，尽管脑功能磁共振成像信号解码领域目前面临许多挑战，但在科技和研究方法的推动下，我们对未来仍然充满期待。科技的进步将会为解决当前问题带来可能性，而科研人员的不断探索将持续推动这个领域向前发展。未来，我们有望解决目前存在的问题，并且在更深层次、更精细的层面上理解和解读人类的思维。

心理实验测试平台盘点：
全球心理学家的实验工具箱

齐 玥

心理实验测试是心理学研究非常重要的方法，随着科学技术的发展和现代人生活节奏的加快，心理实验测试不再局限于面对面的测试，国内外都发展出了很多线上实验测试平台。不妨跟随本文，一起了解国内外的认知心理与行为测试平台，为线上实验助力。

1. 基于认知图谱的标准化测试平台

标准化测试适用于多种平台，具有标准规范的测试任务集，把实验设计、数据采集和分析各个环节按照系统的科学程序组织起来，是一个系统化、科学化、规范化的施测工具。建立基于认知图谱的标准化测试平台促进了心理实验测试的标准化和规模化，如同一把测量心理特征的"尺子"，增加了心理实验的可比性。

(1) 国外任务测试平台介绍

①剑桥自动化成套神经心理测试

剑桥自动化成套神经心理测试（Cambridge Neuropsychological Test Automated Battery,CANTAB）为脑研究的多个领域提供了认知

功能的数字测量,由剑桥大学开发,力图对神经网络相关的认知功能进行敏感、准确和客观的测量。

剑桥自动化成套神经心理测试共包括 22 项测试,从属于六大领域:工作记忆,学习和执行功能,视觉、言语和情景记忆,注意、信息处理和反应时间,社会和情感识别,决策和反应控制。例如,快速视觉信息处理是对持续性注意的敏感性测试,测试结果包括反应的准确性、对目标的敏感性和反应时间等,可用于阿尔茨海默病、癫痫、抑郁症等神经疾病中情绪障碍的测量。

②美国国家青少年酒精与神经发育协会开发的核心测试

美国国家青少年酒精与神经发育协会(National Consortium on Alcohol and Neurodevelopment in Adolescence, NCANDA)主要研究酒精对青少年大脑发育的影响,以及能够预测酒精使用问题的大脑特征,其核心任务包括脑功能和结构成像扫描以及多种认知测试任务,主要测量八类认知功能:抽象、注意、平衡、情绪、情景记忆、一般能力、工作记忆和运动速度。其中,平衡、一般能力两类任务(如测量姿势稳定性的走直线任务)需要实地操作,其他任务皆可在计算机上完成。

③美国国立卫生研究院工具包

美国国立卫生研究院工具包(National Institute of Health Toolbox, NIH Toolbox)是基于便携式可移动平板电脑开发的心理认知测试,主要针对 3~85 岁健康人群和慢性病患者进行四个领域的检测,分别为认知、运动、感觉功能的测试和自我报告的情绪功能测量。除了情绪功能测量主要采用量表,其他三个领域的测试均可在计算机上实现。

(2) 国内任务测试平台介绍

① 实验教学类测试平台

实验教学类平台主要包括京师博仁、心灵方舟、辅仁淑凡三个测评系统。

京师博仁的心理学综合实验设计系统主要用于心理实验教学工作和心理学专业研究工作，包括实验心理学、认知心理学、教育心理学、普通心理学、发展心理学、工程心理学、高级心理学七大领域的经典实验。实验程序均可以在默认实验的基础上自主设置实验参数，更换实验材料。

心灵方舟的心理教学系统是实验数量较多、较全面的心理实验教学系统，包含了数百个心理学经典实验。实验内容覆盖普通心理学、儿童心理学、基本心理能力、经典心理学、认知心理学、人机交互与工程心理学、自定义实验七大领域的经典实验。该系统可导入由可设计心理实验系统（心灵方舟的另一个心理教学产品）编写的实验程序，可根据教学、教研内容按需扩展实验数量。

辅仁淑凡的大学心理学实验设计系统普及版包含操作实验 80 个以上，动画演示实验 130 个以上；专业版包含操作实验 120 个以上，动画实验 130 个以上。该系统包含经典研究范式和国内外实验心理学最新研究成果，实验设置灵活，能进行全面的心理学实验教学和研究。

②科研类测试平台

科研类测试平台主要包括了云端心理实验室、脑与心智毕生发展研究中心（建设中）提供的两个测评系统。

中国科学院心理研究所云端心理实验室于 2013 年创立，在线提供多种内隐和外显测试，测试结束即时呈现被试占比结果及解释。

正在建设中的脑与心智毕生发展研究中心儿童认知发展任务集为中国科学院心理研究所脑与心智毕生发展研究中心项目，将以认知图谱为依托，涵盖动作、注意、执行功能、知觉、记忆、决策、言语、社会认知和情绪等领域的 23 个任务，任务时长为 3～15 分钟。

2. 结语

为了推进标准化的心理健康状况评估及精神障碍诊断，国外许多研究者尝试建立基于认知图谱的任务平台，我国的心理学研究者也正在行动，建立适用于我国的标准化测试平台，为我国心理健康评估诊断和心理实验数据采集带来新的进步。

大脑透视
cerebral perspective

没有大脑,就没有颜色,没有声音,没有气味,没有感觉,也没有情感。没有大脑的世界,也没有焦虑和痛苦。

—— 罗杰·斯佩里
Roger Sperry

参考文献

第一章 语言习得篇

亲子共读:如何阅读图画书?

An, L., Wang, Y., & Sun, Y. (2017). Reading words or pictures: Eye movement patterns in adults and children differ by age group and receptive language ability. *Frontiers in Psychology*, *8*, Article 791. https://doi.org/10.3389/fpsyg.2017.00791

Evans, M. A., & Saint-Aubin, J. (2005). What children are looking at during shared storybook reading: Evidence from eye movement monitoring. *Psychological Science*, *16*(11), 913-920. https://doi.org/10.1111/j.1467-9280.2005.01636.x

Evans, M. A., & Saint-Aubin, J. (2013). Vocabulary acquisition without adult explanations in repeated shared book reading: An eye movement study. *Journal of Educational Psychology*, *105*(3), 596-608. https://doi.org/10.1037/a0032465

Evans, M. A., Saint-Aubin, J., & Landry, N. (2009). Letter names and alphabet book reading by senior kindergarteners: An eye movement study. *Child Development*, *80*(6), 1824-1841. https://doi.org/10.1111/j.1467-8624.2009.01370.x

Evans, M. A., Williamson, K., & Pursoo, T. (2008). Preschoolers' attention to print during shared book reading. *Scientific Studies of Reading*, 12(1), 106-129. https://doi.org/10.1080/10888430701773884

Fletcher, K. L., & Reese, E. (2005). Picture book reading with young children: A conceptual framework. *Developmental Review*, 25(1), 64-103. https://doi.org/10.1016/j.dr.2004.08.009

Justice, L. M., & Ezell, H. K. (2002). Use of storybook reading to increase print awareness in at-risk children. *American Journal of Speech-Language Pathology*, 11(1), 17-29. https://doi.org/10.1044/1058-0360(2002/003)

Roy-Charland, A., Saint-Aubin, J., & Evans, M. A. (2007). Eye movements in shared book reading with children from kindergarten to Grade 4. *Reading and Writing*, 20(9), 909-931. https://doi.org/10.1007/s11145-007-9059-9

Tare, M., Chiong, C., Ganea, P., & DeLoache, J. (2010). Less is more: How manipulative features affect children's learning from picture books. *Journal of Applied Developmental Psychology*, 31(5), 395-400. https://doi.org/10.1016/j.appdev.2010.06.005

韩映红, 刘晨, 刘妮娜, 陈阳阳. (2016). 图画书重复阅读对4~5岁幼儿注视模式的影响. 学前教育研究,(1), 41-48. https://doi.org/

10.13861/j.cnki.sece.2016.01.005

韩映红,刘妮娜,闫国利,刘健.(2011).自主阅读和伴读方式下3～4岁幼儿图画书阅读的眼动研究.心理发展与教育,27(4),394-400. https://doi.org/10.16187/j.cnki.issn1001-4918.2011.04.011

金慧慧.(2010).成人陪伴对2～3岁婴幼儿阅读影响的眼动研究.幼儿教育(教育科学),(1-2),27-30,52.

李林慧,周兢,刘宝根,高晓妹.(2017).3～6岁儿童图画书自主阅读的眼动控制研究.中国特殊教育,(10),88-96.

孙方方.(2011).2～3岁婴幼儿在成人伴读情境下阅读不同图画书眼动特征比较[硕士学位论文,华东师范大学].中国知网.

重复的力量:为什么儿童喜欢重复阅读一本书?

Bruner, J. S. (1986). *Actual minds, possible worlds*. Harvard University Press.

Bruner, J. S. (1990). *Act of meaning*. Harvard University Press.

Carey, S. (1978). The child as word learner. In M. Halle, J. Bresnan, & A. Miller (Eds.), *Linguistic theory and psychological reality* (pp. 264-293). MIT Press.

Eller, R. G., Pappas, C. C., & Brown, E. (1988). The lexical development of kindergartners: Learning from written context. *Journal of Reading Behavior*, 20(1), 5-24. https://doi.org/10.1080/10862968809547621

Flack, Z. M., & Horst, J. S. (2017). Why do little kids ask to hear the same story over and over? *Frontiers for Young Minds*, 5 (30), https://kids.frontiersin.org/article/10.3389/frym.2017.00030

Horst, J. S., Parsons, K. L., & Bryan, N. M. (2011). Get the story straight: Contextual repetition promotes word learning from storybooks. *Frontiers in Psychology*, 2, Article 17. https://doi.org/10.3389/fpsyg.2011.00017

McArthur, D., Adamson, M. L. B., & Deckner, D. F. (2005). As stories become familiar: Mother-child conversations during shared reading. *Merrill-Palmer Quarterly*, 51 (4), 389-411. https://www.jstor.org/stable/23096095

McDonnell, S. A., Friel-Patti, S., & Rollins, P. R. (2003). Patterns of change in maternal-child discourse behaviors across repeated storybook reading. *Applied Psycholinguistics*, 24 (3), 323-341. https://doi.org/10.1017/S0142716403000171

Meints, K., Plunkett, K., Harris, P. L., & Dimmock, D. (2004). The cow on the high street: Effects of background context on early naming. *Cognitive Development*, 19 (3), 275-290. https://doi.org/10.1016/j.cogdev.2004.03.004

Penno, J. F., Wilkinson, I. A. G., & Moore, D. W. (2002). Vocabulary acquisition from teacher explanation and repeated listening to stories: Do they overcome the Matthew effect? *Journal of Educational Psychology*, 94 (1), 23-33. https://doi.

org/10.1037/0022-0663.94.1.23

Perfetti, C. A. (1988). Verbal efficiency in reading ability. In M. Daneman, G. E. Mackinnon, & T. G. Waller (Eds.), *Reading research: Advances in theory and practice* (Vol. 6, pp. 109-143). Academic Press.

Ratner, N. K., & Olver, R. R. (1998). Reading a tale of deception, learning a theory of mind? *Early Childhood Research Quarterly*, *13*(2), 219-239. https://doi.org/10.1016/S0885-2006(99)80036-2

Samuels, S. J. (1979). The method of repeated readings. *The Reading Teacher*, *32*(4), 403-408. https://www.jstor.org/stable/20194790

Samuels, S. J. (1994). Toward a theory of automatic information processing in reading, revisited. In R. B. Ruddell, M. R. Ruddell, & H. Singer (Eds.), *Theoretical models and processes of reading*. (4th ed., pp. 816-837). International Reading Association.

Schapira, R., Bergman Deitcher, D., & Aram, D. (2021). Variability and stability in parent-child discourse during and following repeated shared book reading. *Reading and Writing*, *34*(1), 273-300. https://doi.org/10.1007/s11145-020-10072-y

Schmitt, K. L., & Anderson, D. R. (2002). Television and reality: Toddlers' use of visual information from video to guide behavior.

Media Psychology, 4(1), 51-76. https://doi.org/10.1207/S1532785XMEP0401_03

Simcock, G., & DeLoache, J. S. (2008). The effect of repetition on infants' lmitation from picture books varying in iconicity. *Infancy, 13*(6), 687-697. https://doi.org/10.1080/15250000802459102

Swingley, D. (2010). Fast mapping and slow mapping in children's word learning. *Language Learning and Development, 6*(3), 179-183. https://doi.org/10.1080/15475441.2010.484412

Trivette, C. M., Simkus, A., Dunst, C. J., & Hamby, D. W. (2012). Repeated book reading and preschoolers' early literacy development. *Center for Early Literacy Learning, 5*(5), 1-13.

Whitebread, D., & Coltman, P. (2015). *Teaching and learning in the early years*. Routledge.

几岁开始学外语:抓住第二语言习得的关键期

Bley-Vroman, R. W., Felix, S. W., & Loup, G. L. (1988). The accessibility of universal grammar in adult language learning. *Second Language Research, 4*(1), 1-32. https://doi.org/10.1177/026765838800400101

Ellis, N. C. (1994). *Implicit and explicit learning of languages*. Academic Press.

Epstein, M. L., Lazarus, A. D., Calvano, T. B., Matthews, K. A., Hendel, R. A., Epstein, B. B., & Brosvic, G. M.

(2002). Immediate feedback assessment technique promotes learning and corrects inaccurate first responses. *Psychological Record*, 52, 187-201. https://doi.org/10.1007/BF03395423

Gardner, R. C., Lalonde, R. N., Moorcroft, R., & Evers, F. T. (1987). Second language attrition: The role of motivation and use. *Journal of Language & Social Psychology*, 6(1), 29-47. https://doi.org/10.1177/0261927X8700600102

Hartford, B. (1981). The pidginization process: A model for second language acquisition. *Studies in Second Language Acquisition*, 3(2), 250-257. https://doi.org/10.1017/S0272263100004216

Johnson, J. S., & Newport, E. L. (1989). Critical period effects in second language learning: The influence of maturational state on the acquisition of English as a second language. *Cognitive Psychology*, 21(1): 60-99. https://doi.org/10.1016/0010-0285(89)90003-0

Kirby, S., & Hurford, J. (1997). *Learning, culture and evolution in the origin of linguistic constraints*. In P. Husbands & I. Harvey (Eds.), *Fourth European conference on artificial life*, (pp. 493-502). MIT Press.

Krashen, S. D. (1973). Lateralization, language learning and critical period: Some new evidence. *Language learning*, 23(1), 63-74. https://doi.org/10.1111/j.1467-1770.1973.tb00097.x

Krashen, S. D. (1981). The "fundamental pedagogical principle" in second language teaching. *Studia Linguistica*, *35* (1-2), 50-70. https://doi.org/10.1111/j.1467-9582.1981.tb00701.x

Lenneberg, E. H. (1967). *Biological foundations of language.* Hospital Practice, 2(12), 59-67. https://doi.org/10.1080/21548331.1967.11707799

Long, M. H. (1990). Maturational constraints on language development. *Studies in Second Language Acquisition*, *12* (3), 251-285. https://doi.org/10.1017/S0272263100009165

Newport, E. L. (1991). Contrasting conceptions of the critical period for language. In S. Carey & R. Gelman(Eds.), *The epigenesis of mind.* Psychology Press.

Pallier, C., Dehaene, S., Poline, J. B., LeBihan, D., Argenti, A. M., Dupoux, E., Mehler, J. (2003). Brain imaging of language plasticity in adopted adults: Can a second language replace the first? *Cerebral Cortex*, *13* (2), 155-161. https://doi.org/10.1093/cercor/13.2.155

Patkowski, M. S. (2010). The sensitive period for the acquisition of syntax in a second language. *Language Learning*, *30* (2), 449-468. https://doi.org/10.1111/j.1467-1770.1980.tb00328.x

Robson, A. L. (2002). Critical/sensitive periods. In Neil J. Salkind (Ed.), *Child development* (pp. 101-103). Macmillan Reference USA.

Silverberg, S., & Samuel, A. G. (2004). The effect of age of second language acquisition on the representation and processing of second language words. *Journal of Memory & Language*, 51(3), 381-398. https://doi.org/10.1016/j.jml.2004.05.003

Snow, C. E., Hoefnagel-Höhle, M. (1978). The critical period for language acquisition: Evidence from second-language learning. *Child Development*, 49(4), 1114-1128. https://doi.org/10.2307/1128751

Thompson, I. (2010). Foreign accents revisited: The English pronunciation of Russian immigrants. *Language Learning*, 41(2), 177-204. https://doi.org/10.1111/j.1467-1770.1991.tb00683.x

Tomasello, M., & Farrar, M. J. (1986). Joint attention and early language. *Child Development*, 57(6), 1454-1463. https://doi.org/10.2307/1130423

White, L. (1990). Second language acquisition and universal grammar. *Studies in Second Language Acquisition*, 12(2), 121-133. https://doi.org/10.1017/S0272263100009049

王瑞明,杨静,李利.(2016).第二语言学习.华东师范大学出版社.

广泛阅读:快速掌握新词的秘诀

Batterink, L., & Neville, H. (2011). Implicit and explicit mechanisms of word learning in a narrative Context: An event-related potential study. *Journal of Cognitive Neuroscience*, 23

(11), 3181-3196. https://doi.org/10.1162/jocn_a_00013

Chen, S., Wang, L., & Yang, Y. (2014). Acquiring concepts and features of novel words by two types of learning: Direct mapping and inference. *Neuropsychologia*, *56*, 204-218. https://doi.org/10.1016/j.neuropsychologia.2014.01.012

Mestres-Missé, A., Rodriguez-Fornells, A., & Münte, T. F. (2007). Watching the brain during meaning acquisition. *Cerebral Cortex*, *17*(8), 1858-1866. https://doi.org/10.1093/cercor/bhl094

Zhang, M., Chen, S., Wang, L., Yang, X., & Yang, Y. (2017). Episodic specificity in acquiring thematic knowledge of novel words from descriptive episodes. *Frontiers in Psychology*, *8*, Article 488. https://doi.org/10.3389/fpsyg.2017.00488

Zhang, M., Ding, J., Li, X., & Yang, Y. (2019). The impact of variety of episodic contexts on the integration of novel words into semantic network. *Language, Cognition and Neuroscience*, *34*(2), 214-238. https://doi.org/10.1080/23273798.2018.1522446

音乐训练：不只提升语言能力

Du, Y., & Zatorre, R. (2017). Musical training sharpens and bonds ears and tongue to hear speech better. *Proceedings of the National Academy of Sciences USA*, *114*(51), 13579-13584. https://doi.org/10.1073/pnas.1712223114

Hebb, D. O. (1949). *The organization of behavior*. John Wiley &

Sons.

Rauscher, F. H., Shaw, G. L., & Ky, C. N. (1993). Music and spatial task performance. *Nature*, *365* (6447), 611-611. https://doi.org/10.1038/365611a0

Rogenmoser, L., Kernbach, J., Schlaug, G., & Gaser, C. (2018). Keeping brains young with making music. *Brain Structure and Function*, *223*, 297-305. https://doi.org/10.1007/s00429-017-1491-2

破解阅读障碍之谜：为什么他会看到文字在"跳舞"？

Alexander-Passe, N. (2006). How dyslexic teenagers cope: An investigation of self-esteem, coping and depression. *Dyslexia*, *12* (4), 256-275. https://doi.org/10.1002/dys.318

Bradley, L., & Bryant, P. E. (1978). Difficulties in auditory organisation as a possible cause of reading backwardness. *Nature*, *271* (5647), 746-747. https://doi.org/10.1038/271746a0

Kujala, T., Karma, K., Ceponiene, R., Belitz, S., Turkkila, P., Tervaniemi, M., & Näätänen, R. (2001). Plastic neural changes and reading improvement caused by audiovisual training in reading-impaired children. *Proceedings of the National Academy of Sciences of the United States of America*, *98* (18), 10509-10514. https://doi.org/10.1073/pnas.181589198

Livingstone, M. S., Rosen, G. D., Drislane, F. W., & Galaburda,

A. M. (1991). Physiological and anatomical evidence for a magnocellular defect in developmental dyslexia. *Proceedings of the National Academy of Sciences*, *88* (18), 7943-7947. https://doi.org/10.1073/pnas.88.18.7943

Lyon, G. R., Shaywitz, S. E., & Shaywitz, B. A. (2003). A definition of dyslexia. *Annals of Dyslexia*, *53* (1), 1-14. https://doi.org/10.1007/s11881-003-0001-9

Maunsell, J. H., Nealey, T. A., & DePriest, D. D. (1990). Magnocellular and parvocellular contributions to responses in the middle temporal visual area (MT) of the macaque monkey. *Journal of Neuroscience*, *10* (10), 3323-3334. https://doi.org/10.1523/JNEUROSCI.10-10-03323.1990

Nicolson, R. I., Fawcett, A. J., & Dean, P. (2001). Developmental dyslexia: The cerebellar deficit hypothesis. *Trends in Neurosciences*, *24* (9), 508-511. https://doi.org/10.1016/S0166-2236(00)01896-8

Pan, J., Kong, Y., Song, S., McBride, C., Liu, H., & Shu, H. (2017). Socioeconomic status, parent report of children's early language skills, and late literacy skills: A long term follow-up study among Chinese children. *Reading & Writing*, *30*, 401-416. https://doi.org/10.1007/s11145-016-9682-4

Qian, Y., & Bi, H. Y. (2014). The visual magnocellular deficit in Chinese-speaking children with developmental dyslexia. *Frontiers* in Psychology, 5, Article 692. https://doi.org/10.3389/fpsyg.2014.00692

Qian, Y., & Bi, H. Y. (2015). The effect of magnocellular-based visual-motor intervention on Chinese children with developmental dyslexia. *Frontiers in Psychology*, 6, Article 1529. https://doi.org/10.3389/fpsyg.2015.01529

Snowling, M. J. (2000). *Dyslexia* (2nd ed.). Blackwell Publishing.

张承芬, 张景焕, 殷荣生, 周静, 常淑敏. (1996). 关于我国学生汉语阅读困难的研究. 心理科学, 16(4), 222-226, 256. https://doi.org/10.16719/j.cnki.1671-6981.1996.04.008

Tan, L. H., Xu, M., Chang, C. Q., & Siok, W. T. (2013). China's language input system in the digital age affects children's reading development. *Proceedings of the National Academy of Sciences of the United States of America*, 110(3), 1119-1123. https://doi.org/10.1073/pnas.1213586110

Wang, J. J., Bi, H. Y., Gao, L. Q., & Wydell, T. N. (2010). The visual magnocellular pathway in Chinese-speaking children with developmental dyslexia. *Neuropsychologia*, 48(12), 3627-3633. https://doi.org/10.1016/j.neuropsychologia.2010.08.015

Yang, Y., Bi, H. Y., Long, Z. Y., & Tao, S. (2013). Evidence for cerebellar dysfunction in Chinese children with developmental dyslexia: An fMRI study. *International Journal of Neuroscience*, 123(5), 300-310. https://doi.org/10.3109/

00207454. 2012. 756484

Yang, Y. H., Yang, Y., Chen, B. G., Zhang, Y. W., & Bi, H. Y. (2016). Anomalous cerebellar anatomy in Chinese children with dyslexia. *Frontiers in Psychology*, 7, Article 324. https://doi.org/10.3389/fpsyg.2016.00324

Zhang, M., Xie, W., Xu, Y., & Meng, X. (2018) Auditory temporal perceptual learning and transfer in Chinese-speaking children with developmental dyslexia. *Research in Developmental Disabilities*, 74, 146-159. https://doi.org/10.1016/j.ridd.2018.01.005

李宜逊,李虹,德秀齐,盛小添,乌拉·理查德森,海琦·莱汀恩. (2017). 游戏化学习促进学生个性化发展的实证研究——以GraphoGame拼音游戏为例. 中国电化教育,(5),95-101.

第二章 认知发展篇

交际意图：儿童听得懂"言外之意"吗？

Aureli, T., Perucchini, P., & Genco, M. (2009). Children's understanding of communicative intentions in the middle of the second year of life. *Cognitive Development*, 24(1), 1-12. https://doi.org/10.1016/j.cogdev.2008.07.003

Bara, B. G. (2010). *Cognitive pragmatics: The mental processes of communication*. MIT Press.

Borovsky, A. , Elman, J. L. , & Fernald, A. (2012). Knowing a lot for one's age: Vocabulary skill and not age is associated with anticipatory incremental sentence interpretation in children and adults. *Journal of Experimental Child Psychology*, 112 (4), 417-436. https://doi.org/10.1016/j.jecp.2012.01.005

Bosco, F. M. , & Gabbatore, I. (2017). Sincere, deceitful, and ironic communicative acts and the role of the theory of mind in childhood. *Frontiers in Psychology*, 8, Article 21. https://doi.org/10.3389/fpsyg.2017.00021

Carpenter, M. , Call, J. & Tomasello, M. (2005). Twelve- and 18-month-olds copy actions in terms of goals. *Developmental Science*, 8 (1), 13-20. https://doi.org/10.1111/j.1467-7687.2004.00385.x

Enrici, I. , Adenzato, M. , Cappa, S. , Bara, B. G. , & Tettamanti, M. (2011). Intention processing in communication: A common brain network for language and gestures. *Journal of Cognitive Neuroscience*, 23 (9), 2415-2431. https://doi.org/10.1162/jocn.2010.21594

Esteve-Gibert, N. , & Prieto, P. (2013). Prosody signals the emergence of intentional communication in the first year of life: Evidence from Catalan-babbling infants. *Journal of Child Language*, 40 (5), 919-944. https://doi.org/10.1017/S0305000912000359

Esteve-Gibert, N., Prieto, P., & Liszkowski, U. (2017). Twelve-month-olds understand social intentions based on prosody and gesture shape. *Infancy*, *22*(1), 108-129. https://doi.org/10.1111/infa.12146

Feinfield, K. A., Lee, P. P., Flavell, E. R., Green, F. L., & Flavell, J. H. (1999). Young children's understanding of intention. *Cognitive Development*, *14*(3), 463-486. https://doi.org/10.1016/S0885-2014(99)00015-5

Hellbernd, N., & Sammler, D. (2016). Prosody conveys speaker's intentions: Acoustic cues for speech act perception. *Journal of Memory and Language*, *88*, 70-86. https://doi.org/10.1016/j.jml.2016.01.001

Hupp, J. M., Jungers, M. K., Hinerman, C. M., & Porter, B. L. (2021). Cup! Cup? Cup: Comprehension of intentional prosody in adults and children. *Cognitive Development*, *57*, 100971. https://doi.org/10.1016/j.cogdev.2020.100971

Ivanko, S. L., & Pexman, P. M. (2003). Context incongruity and irony processing. *Discourse Processes*, *35*(3), 241-279. https://doi.org/10.1207/S15326950DP3503_2

Kelly, C., Morgan, G., Freeth, M., Siegal, M., & Matthews, D. (2019). The understanding of communicative intentions in children with severe-to-profound hearing loss. *The Journal of Deaf Studies and Deaf Education*, *24*(3), 245-254. https://

doi. org /10. 1093 /deafed /enz001

Leech, R. , Aydelott, J. , Symons, G. , Carnevale, J. , & Dick, F. (2007). The development of sentence interpretation: Effects of perceptual, attentional and semantic interference. *Developmental Science*, 10 (6), 794-813. https://doi. org/10. 1111/ j. 1467-7687. 2007. 00628. x

Lewis, C. , & Mitchell, P. (1994). *Children's early understanding of mind: Origins and development.* Lawrence Erlbaum Associates.

Marchman, V. A. & Fernald, A. (2008). Speed of word recognition and vocabulary knowledge in infancy predict cognitive and language outcomes in later childhood. *Developmental Science*, 11 (3), F9-F16. https://doi. org/10. 1111/ j. 1467-7687. 2008. 00671. x

Pierno, A. C. , Ansuini, C. , & Castiello, U. (2007). Motor intention versus social intention: One system or multiple systems? *Psyche*, 13 (2), 1-10.

Rothermich, K. , Caivano, O. , Knoll, L. J. , & Talwar, V. (2020). Do they really mean it? Children's inference of speaker intentions and the role of age and gender. *Language and speech*, 63 (4), 689-712. https://doi. org/10. 1177 /0023830919878742

Sakkalou, E. , & Gattis, M. (2012). Infants infer intentions from prosody. *Cognitive Development*, 27 (1), 1-16. https://doi. org/

10.1016/j.cogdev.2011.08.003

Searle, J. R. (1983). *Intentionality: An essay in the philosophy of mind*. Cambridge University Press.

Tervo, R. C. (2007). Language proficiency, development, and behavioral difficulties in toddlers. *Clinical Pediatrics*, 46(6), 530-539. https://doi.org/10.1177/0009922806299154

Varghese, A. L., & Nilsen, E. S. (2016). Guess who? Children use prosody to infer intended listeners. *British Journal of Developmental Psychology*, 34(2), 306-312. https://doi.org/10.1111/bjdp.12135

Walter, H., Adenzato, M., Ciaramidaro, A., Enrici, I., Pia, L. & Bara, B. G. (2004). Understanding intentions in social interaction: The role of the anterior paracingulate cortex. *Journal of Cognitive Neuroscience*, 16(10), 1854-1863. https://doi.org/10.1162/0898929042947838

Wellman, H. M. (2014). *Making minds: How theory of mind develops*. Oxford University Press.

Whalen, J. M., & Pexman, P. M. (2010). How do children respond to verbal irony in face-to-face communication? The development of mode adoption across middle childhood. *Discourse Processes*, 47(5), 363-387. https://doi.org/10.1080/01638530903347635

Zhou, P., Ma, W., & Zhan, L. (2020). A deficit in using prosodic cues to understand communicative intentions by children with autism spectrum disorders: An eye-tracking study. *First Language*, 40(1), 41-63. https://doi.org/10.1177/0142723719885270

心理动机探析:儿童为什么做出友善行为?

Banaji, M. R., Gelman, S. A. (2013). *Navigating the social world: What infants, children, and other species can teach us*. Oxford University Press.

Brownell, C. A., Svetlova, M., & Nichols, S. (2009). To share or not to share: When do toddlers respond to another's needs? *Infancy*, 14(1), 117-130. https://doi.org/10.1080/15250000802569868

Chernyak, N., & Kushnir, T. (2013). Giving preschoolers choice increases sharing behavior. *Psychological Science*, 24(10), 1971-1979. https://doi.org/10.1177/0956797613482335

Dondi, M., Simion, F., & Caltran, G. (1999). Can newborns discriminate between their own cry and the cry of another newborn infant? *Developmental Psychology*, 35(2), 418-426. https://doi.org/10.1037//0012-1649.35.2.418

Dunfield, K. A., & Kuhlmeier, V. A. (2013). Classifying prosocial behavior: Children's responses to instrumental need, emotional distress, and material desire. *Child Development*, 84(5), 1766-1776. https://doi.org/10.1111/cdev.12075

Engelmann, J. M., Herrmann, E., & Tomasello, M. (2012). Five-year olds, but not chimpanzees, attempt to manage their reputations. *PLoS One*, *7*(10), e48433. https://doi.org/10.1371/journal.pone.0048433

Engelmann, J. M., Over, H., Herrmann, E., & Tomasello, M. (2013). Young children care more about their reputation with ingroup members and potential reciprocators. *Developmental Science*, *16*(6), 952-958. https://doi.org/10.1111/desc.12086

Gummerum, M., Hanoch, Y., Keller, M., Parsons, K., & Hummel, A. (2010). Preschoolers' allocations in the dictator game: The role of moral emotions. *Journal of Economic Psychology*, *31*(1), 25-34. https://doi.org/10.1016/j.joep.2009.09.002

Grueneisen, S., & Warneken, F. (2022). The development of prosocial behavior-from sympathy to strategy. *Current Opinion in Psychology*, *43*, 323-328. https://doi.org/10.1016/j.copsyc.2021.08.005

Kenward, B., Hellmer, K., Winter, L. S., & Eriksson, M. (2015). Four-year-olds' strategic allocation of resources: Attempts to elicit reciprocation correlate negatively with spontaneous helping. *Cognition*, *136*, 1-8. https://doi.org/10.1016/j.cognition.2014.11.035

Leimgruber, K. L., Shaw, A., Santos, L. R., & Olson, K. R.

(2012). Young children are more generous when others are aware of their actions. *PLoS One*, *7* (10), e48292. https://doi.org/10.1371/journal.pone.0048292

Malti, T., Ongley, S. F., Peplak, J., Chaparro, M. P., Buchmann, M., Zuffiano, A., & Cui, L. (2016). Children's sympathy, guilt, and moral reasoning in helping, cooperation, and sharing: A 6-year longitudinal study. *Child Development*, *87* (6), 1783-1795. https://doi.org/10.1111/cdev.12632

Moore, C. (2009). Fairness in children's resource allocation depends on the recipient. *Psychological Science*, *20* (8), 944-948. https://doi.org/10.1111/j.1467-9280.2009.02378.x

Olson, K. R., & Spelke, E. S. (2008). Foundations of cooperation in young children. *Cognition*, *108* (1), 222-231. https://doi.org/10.1016/j.cognition.2007.12.003

Paulus, M., & Moore, C. (2014). The development of recipient-dependent sharing behavior and sharing expectations in preschool children. *Developmental Psychology*, *50* (3), 914-921. https://doi.org/10.1037/a0034169

Rapp, D. J., Engelmann, J. M., Herrmann, E., & Tomasello, M. (2017). The impact of choice on young children's prosocial motivation. *Journal of Experimental Child Psychology*, *158*, 112-121. https://doi.org/10.1016/j.jecp.2017.01.004

Rheingold, H. L. (1982). Little children's participation in the work of adults, a nascent prosocial behavior. *Child Development*, 53(1), 114-125. https://doi.org/10.2307/1129643

Rheingold, H. L., Hey, D. F., & West, M. J. (1976). Sharing in the second year of life. *Child Development*, 47(4), 1148-1158. https://doi.org/10.2307/1128454

Spinrad, T. L., & Stifter, C. A. (2006). Toddlers' empathy-related responding to distress: Predictions from negative emotionality and maternal behavior in infancy. *Infancy*, 10(2), 97-121. https://doi.org/10.1207/s15327078in1002_1

Svetlova, M., Nichols, S. R., & Brownell, C. A. (2010). Toddlers' prosocial behavior: From instrumental to empathic to altruistic helping. *Child Development*, 81(6), 1814-1827. https://doi.org/10.1111/j.1467-8624.2010.01512.x

Ulber, J., Hamann, K., & Tomasello, M. (2016). Extrinsic rewards diminish costly sharing in 3-year-olds. *Child Development*, 87(4), 1192-1203. https://doi.org/10.1111/cdev.12534

Vaish, A., Carpenter, M., & Tomasello, M. (2016). The early emergence of guilt-motivated prosocial behavior. *Child Development*, 87(6), 1772-1782. https://doi.org/10.1111/cdev.12628

Vaish, A., Hepach, R., & Tomasello, M. (2018). The specificity of reciprocity: Young children reciprocate more generously to those who intentionally benefit them. *Journal of Experimental Child Psychology*, *167*, 336-353. https://doi.org/10.1016/j.jecp.2017.11.005

Warneken, F., & Tomasello, M. (2006). Altruistic helping in human infants and young chimpanzees. *Science*, *311* (5765), 1301-1303. https://doi.org/10.1126/science.1121448

Warneken, F., & Tomasello, M. (2013). The emergence of contingent reciprocity in young children. *Journal of Experimental Child Psychology*, *116* (2), 338-350. https://doi.org/10.1016/j.jecp.2013.06.002

Xiong, M., Shi, J., Wu, Z., & Zhang, Z. (2016). Five-year-old preschoolers' sharing is influenced by anticipated reciprocation. *Frontiers in Psychology*, *7*, 460. https://doi.org/10.3389/fpsyg.2016.00460

Zahn-Waxler, C., Robinson, J. L., & Emde, R. N. (1992). The development of empathy in twins. *Developmental Psychology*, *28* (6), 1038-1047. https://doi.org/10.1037/0012-1649.28.6.1038

王欣,张真.(2019).学龄前儿童的亲社会行为动机.学前教育研究,(6),45-57. https://doi.org/10.13861/j.cnki.sece.2019.06.005

朱智贤.(1989).心理学大辞典.北京师范大学出版社.

孩子总是不自觉？别责怪孩子，先反思自己!

Anokhin, A. P., Golosheykin, S., Grant, J. D., & Heath, A. C. (2010). Developmental and genetic influences on prefrontal function in adolescents: A longitudinal twin study of WCST performance. *Neuroscience Letters*, 472 (2), 119-122. https://doi.org/10.1016/j.neulet.2010.01.067

Burwell, S. J., Malone, S. M., & Iacono, W. G. (2016). One-year developmental stability and covariance among oddball, novelty, go/no-go, and flanker event-related potentials in adolescence: A monozygotic twin study. *Psychophysiology*, 53 (7), 991-1007. https://doi.org/10.1111/psyp.12646

Chen, Y., Chen, C. Q., Wu, T. T., Qiu, B. Y., Zhang, W., & Fan, J. (2020). Accessing the development and heritability of the capacity of cognitive control. *Neuropsychologia*, 139, 107361. https://doi.org/10.1016/j.neuropsychologia.2020.107361

Etzel, J. A., Courtney, Y., Carey, C. E., Gehred, M. Z., Agrawal, A., & Braver, T. S. (2020). Pattern similarity analyses of frontoparietal task coding: Individual variation and genetic influences. *Cerebral Cortex*, 30 (5), 3167-3183. https://doi.org/10.1093/cercor/bhz301

Friedman, N. P., du Pont, A., Corley, R. P., & Hewitt, J. K. (2018). Longitudinal relations between depressive symptoms and executive functions from adolescence to early adulthood: A twin study. *Clinical Psychological Science*, *6* (4), 543-560. https://doi.org/10.1177/2167702618766360

Friedman, N. P., Miyake, A., Young, S. E., DeFries, J. C., Corley, R. P., & Hewitt, J. K. (2008). Individual differences in executive functions are almost entirely genetic in origin. *Journal of Experimental Psychology: General*, *137* (2), 201-225. https://doi.org/10.1037/0096-3445.137.2.201

Gazzaniga, M., Ivry, R. B., & Mangun, G. R. (2019). *Cognitive neuroscience: The biology of the mind* (5th ed.). W. W. Norton.

Harden, K. P., Kretsch, N., Mann, F. D., Herzhoff, K., Tackett, J. L., Steinberg, L., & Tucker-Drob, E. M. (2017). Beyond dual systems: A genetically-informed, latent factor model of behavioral and self-report measures related to adolescent risk-taking. *Developmental Cognitive Neuroscience*, *25*, 221-234. https://doi.org/10.1016/j.dcn.2016.12.007

Harper, J., Malone, S. M., & Iacono, W. G. (2017). Testing the effects of adolescent alcohol use on adult conflict-related theta dynamics. *Clinical Neurophysiology*, *128* (11), 2358-2368. https://doi.org/10.1016/j.clinph.2017.08.019

Harper, J., Malone, S. M., & Iacono, W. G. (2018). Impact of alcohol use on EEG dynamics of response inhibition: A cotwin control analysis. *Addiction Biology*, 23 (1), 256-267. https://doi.org/10.1111/adb.12481

Lee, T., Mosing, M. A., Henry, J. D., Trollor, J. N., Ames, D., Martin, N. G., Wright, M. J., Sachdev, P. S., & OATS Research Team. (2012). Genetic influences on four measures of executive functions and their covariation with general cognitive ability: The older Australian twins study. *Behavior Genetics*, 42 (4), 528-538. https://doi.org/10.1007/s10519-012-9526-1

Lessov-Schlaggar, C. N., Lepore, R. L., Kristjansson, S. D., Schlaggar, B. L., Barnes, K. A., Petersen, S. E., Madden, P. A. F., Heath, A. C., & Barch, D. M. (2013). Functional neuroimaging study in identical twin pairs discordant for regular cigarette smoking. *Addiction Biology*, 18 (1), 98-108. https://doi.org/10.1111/j.1369-1600.2012.00435.x

Newman, H. H., Freeman, F. N., & Holzinger, K. J. (1937). *Twins: A study of heredity and environment*. The University of Chicago Press.

Sudre, G., Bouyssi-Kobar, M., Norman, L., Sharp, W., Choudhury, S., & Shaw, P. (2021). Estimating the heritability of developmental change in neural connectivity, and its association with changing symptoms of attention-deficit/hyperactivity disorder. *Biological Psychiatry*, 89 (5), 443-450. https://doi.org/10.1016/j.biopsych.2020.06.007

齐玥, 杨国春, 付迪, 李政汉, 刘勋. (2021). 认知控制发展神经科学: 未来路径与布局. 中国科学:生命科学, 51(6), 634-646.

三个和尚没水喝:如何提升主动控制感?

Bandura, A. (1982). Self-efficacy mechanism in human agency. *American Psychologist*, *37*(2), 122-147. https://doi.org/10.1037/0003-066X.37.2.122

Barlas, Z., Hockley, W. E., & Obhi, S. S. (2017). The effects of freedom of choice in action selection on perceived mental effort and the sense of agency. *Acta Psychologica*, *180*, 122-129. https://doi.org/10.1016/j.actpsy.2017.09.004

Barlas, Z., Hockley, W. E., & Obhi, S. S. (2018). Effects of free choice and outcome valence on the sense of agency: Evidence from measures of intentional binding and feelings of control. *Experimental Brain Research*, *236*(1), 129-139. https://doi.org/10.1007/s00221-017-5112-3

Borhani, K., Beck, B., & Haggard, P. (2017). Choosing, doing, and controlling: Implicit sense of agency over somatosensory events. *Psychological Science*, *28*(7), 882-893. https://doi.org/10.1177/0956797617697693

Caspar, E., Christensen, J., Cleeremans, A., & Haggard, P. (2016). Coercion changes the sense of agency in the human brain. *Current Biology*, *26*(5), 585-592. https://doi.org/10.1016/j.

cub. 2015. 12. 067

Dewey, J. A., Pacherie, E., & Knoblich, G. (2014). The phenomenology of controlling a moving object with another person. *Cognition*, *132* (3), 383-397. https://doi.org/10.1016/j.cognition.2014.05.002

Haggard, P. (2017). Sense of agency in the human brain. *Nature Reviews Neuroscience*, *18* (4), 196-207. https://doi.org/10.1038/nrn.2017.14

Le Bars, S., Devaux, A., Nevidal, T., Chambon, V., & Pacherie, E. (2020). Agents' pivotality and reward fairness modulate sense of agency in cooperative joint action. *Cognition*, *195*, 104117. https://doi.org/10.1016/j.cognition.2019.104117

Li, P., Jia, S., Feng, T., Liu, Q., Suo, T., & Li, H. (2010). The influence of the diffusion of responsibility effect on outcome evaluations: Electrophysiological evidence from an ERP study. *NeuroImage*, *52* (4), 1727-1733. https://doi.org/10.1016/j.neuroimage.2010.04.275

Moretto, G., Walsh, E., & Haggard, P. (2011). Experience of agency and sense of responsibility. *Consciousness and Cognition*, *20* (4), 1847-1854. https://doi.org/10.1016/j.concog.2011.08.014

Wegner, D. M., & Wheatley, T. (1999). Apparent mental causation: Sources of the experience of will. *American*

Psychologist, *54* (7), 480-492. https://doi.org/10.1037/0003-066X.54.7.480

Wegner, D. M. (2003). The mind's best trick: How we experience conscious will. *Trends in Cognitive Sciences*, *7* (2), 65-69. https://doi.org/10.1016/S1364-6613(03)00002-0

Zhao, K., Hu, L., Qu, F., Cui, Q., Piao, Q., Xu, H., Li, Y., Wang, L., & Fu, X. (2016). Voluntary action and tactile sensory feedback in the intentional binding effect. *Experimental Brain Research*, *234*, 2283-2292. https://doi.org/10.1007/s00221-016-4633-5

顾晶金, 赵科, 傅小兰. (2020). 行为中的主动控制感与责任归属. 科学通报, 65(19), 1902-1911.

孤独症早期鉴别：发现"来自星星的孩子"

Arslan, M., Warreyn, P., Dewaele, N., Wiersema, J. R., Demurie, E., & Roeyers, H. (2020). Development of neural responses to hearing their own name in infants at low and high risk for autism spectrum disorder. *Developmental Cognitive Neuroscience*, *41*, 100739. https://doi.org/10.1016/j.dcn.2019.100739

Bedford, R., Pickles, A., Gliga, T., Elsabbagh, M., Charman, T., & Johnson, M. H. (2014). Additive effects of social and non-social attention during infancy relate to later autism spectrum disorder. *Developmental Science*, *17* (4), 612-620. https://doi.org/10.1111/desc.12139

Bernas, A., Aldenkamp, A. P., & Zinger, S. (2018). Wavelet coherence-based classifier: A resting-state functional MRI study on neurodynamics in adolescents with high-functioning autism. *Computer Methods and Programs in Biomedicine*, *154*, 143-151. https://doi.org/10.1016/j.cmpb.2017.11.017

Chawarska, K., Klin, A., Paul, R., & Volkmar, F. (2007). Autism spectrum disorder in the second year: Stability and change in syndrome expression. *Journal of Child Psychology and Psychiatry*, *48* (2), 128-138. https://doi.org/10.1111/j.1469-7610.2006.01685.x

Chawarska, K., Macari, S., & Shic, F. (2012). Context modulates attention to social scenes in toddlers with autism. *Journal of Child Psychology and Psychiatry*, *53* (8), 903-913. https://doi.org/10.1111/j.1469-7610.2012.02538.x

Chawarska, K., Macari, S., & Shic, F. (2013). Decreased spontaneous attention to social scenes in 6-month-old infants later diagnosed with autism spectrum disorders. *Biological Psychiatry*, *74* (3), 195-203. https://doi.org/10.1016/j.biopsych.2012.11.022

Conel, J. L. (1975). *The postnatal development of the hunman cerebral cortex*. Harvard University Press.

Denisova, K. (2019). Failure to attune to language predicts autism in high risk infants. *Brain and Language*, *194*, 109-120. https://doi.org/10.1016/j.bandl.2019.04.002

Denisova, K., & Zhao, G. (2017). Inflexible neurobiological signatures precede atypical development in infants at high risk for autism. *Scientific Reports*, *7*(1), 11285. https://doi.org/10.1038/s41598-017-09028-0

Elison, J. T., Paterson, S. J., Wolff, J. J., Steven Reznick, J., Sasson, N. J., Gu, H., Botteron, K. N., Dager, S. R., Estes, A. M., Evans, A. C., Gerig, G., Hazlett, H. C., Schultz, R. T., Styner, M., Zwaigenbaum, L., Piven, J., & IBIS Network. (2013). White matter microstructure and atypical visual orienting in 7-month-olds at risk for autism. *American Journal of Psychiatry*, *170*(8), 899-908. https://doi.org/10.1176/appi.ajp.2012.12091150

Elsabbagh, M., Fernandes, J., Webb, S. J., Dawson, G., Charman, T., Johnson, M. H., & The British Autism Study of Infant Siblings Team. (2013). Disengagement of visual attention in infancy is associated with emerging autism in toddlerhood. *Biological Psychiatry*, *74*(3), 189-194. https://doi.org/10.1016/j.biopsych.2012.11.030

Elsabbagh, M., Mercure, E., Hudry, K., Chandler, S., Pasco, G., Charman, T., Pickles, A., Baron-Cohen, S., Bolton, P.,

Johnson, M. H., & BASIS Team. (2012). Infant neural sensitivity to dynamic eye gaze is associated with later emerging autism. *Current Biological*, 22 (4), 338-342. https://doi.org/10.1016/j.cub.2011.12.056

Elsabbagh, M., Volein, A., Csibra, G., Holmboe, K., Garwood, H., Tucker, L., Krljes, S., Baron-Cohen, S., Bolton, P., Charman, T., Baird, G., & Johnson, M. H. (2009). Neural correlates of eye gaze processing in the infant broader autism phenotype. *Biological Psychiatry*, 65 (1), 31-38. https://doi.org/10.1016/j.biopsych.2008.09.034

Emerson, R. W., Adams, C., Nishino, T., Hazlett, H. C., Wolff, J. J., Zwaigenbaum, L., Constantino, J. N., Shen, M. D., Swanson, M. R., Elison, J. T., Kandala, S., Estes, A. M., Botteron, K. N., Collins, L., Dager, S. R., Evans, A. C., Gerig, G., Gu, H., McKinstry, R. C., ... Piven, J. (2017). Functional neuroimaging of high-risk 6-month-old infants predicts a diagnosis of autism at 24 months of age. *Science Translational Medicine*, 9 (393), eaag2882. https://doi.org/10.1126/scitranslmed.aag2882

Funakoshi, Y., Harada, M., Otsuka, H., Mori, K., Ito, H., & Iwanaga, T. (2016). Default mode network abnormalities in children with autism spectrum disorder detected by resting-state functional magnetic resonance imaging. *The Journal of Medical*

Investment, *63* (3-4), 204-208. https://doi.org/10.2152/jmi.63.204

Guiraud, J. A., Tomalski, P., Kushnerenko, E., Ribeiro, H., Davies, K., Charman, T., Elsabbagh, M., Johnson, M. H., & BASIS Team. (2012). Atypical audiovisual speech integration in infants at risk for autism. *PLoS One*, *7* (5), e36428. https://doi.org/10.1371/journal.pone.0036428

Hazlett, H. C., Gu, H., Munsell, B. C., Kim, S. H., Styner, M., Wolff, J. J., Elison, J. T., Swanson, M. R., Zhu, H., Botteron, K. N., Collins, D. L., Constantino, J. N., Dager, S. R., Estes, A. M., Evans, A. C., Fonov, V. S., Gerig, G., Kostopoulos, P., McKinstry, R. C., ... Statistical Analysis. (2017). Early brain development in infants at high risk for autism spectrum disorder. *Nature*, *542* (7641), 348-351. https://doi.org/10.1038/nature21369

He, Y., Su, Q., Wang, L., He, W., Tan, C., Zhang, H., Ng, M. L., Yan, N., & Chen, Y. (2019). The characteristics of intelligence profile and eye gaze in facial emotion recognition in mild and moderate preschoolers with autism spectrum disorder. *Frontiers in Psychiatry*, *10*, Article 402. https://doi.org/10.3389/fpsyt.2019.00402

Jones, W., Carr, K., & Klin, A. (2008). Absence of preferential looking to the eyes of approaching adults predicts level of social disability in 2-year-old toddlers with autism spectrum disorder. *Archives of General Psychiatry*, 65(8), 946-954. https://doi.org/10.1001/archpsyc.65.8.946

Jones, W., & Klin, A. (2013). Attention to eyes is present but in decline in 2-6-month-old infants later diagnosed with autism. *Nature*, 504(7480), 427-431. https://doi.org/10.1038/nature12715

Klin, A., & Jones, W. (2008). Altered face scanning and impaired recognition of biological motion in a 15-month-old infant with autism. *Developmental Science*, 11(1), 40-46. https://doi.org/10.1111/j.1467-7687.2007.00608.x

Koegel, L. K., Koegel, R. L., Ashbaugh, K., & Bradshaw, J. (2014). The importance of early identification and intervention for children with or at risk for autism spectrum disorders. *International Journal of Speech-Language Pathology*, 16(1), 50-56. https://doi.org/10.3109/17549507.2013.861511

Lord, C., Brugha, T. S., Charman, T., Cusack, J., Dumas, G., Frazier, T., Jones, E. J. H., Jones, R. M., Pickles, A., State, M. W., Taylor, J. L., & Veenstra-VanderWeele, J. (2020). Autism spectrum disorder. *Nature Reviews Disease Primers*, 6, Article 5. https://doi.org/10.1038/s41572-019-0138-4

Lord, C., Elsabbagh, M., Baird, G., & Veenstra-VanderWeele, J.

(2018). Autism spectrum disorder. *The Lancet*, *392* (10146), 508-520. https://doi.org/10.1016/S0140-6736(18)31129-2

McCleery, J. P., Akshoomoff, N., Dobkins, K. R., & Carver, L. J. (2009). Atypical face versus object processing and hemispheric asymmetries in 10-month-old infants at risk for autism. *Biological Psychiatry*, *66* (10), 950-957. https://doi.org/10.1016/j.biopsych.2009.07.031

Pierce, K., Conant, D., Hazin, R., Stoner, R., & Desmond, J. (2011). Preference for geometric patterns early in life as a risk factor for autism. *Archives of General Psychiatry*, *68* (1), 101-109. https://doi.org/10.1001/archgenpsychiatry.2010.113

陈珊. (2017). 儿童发育行为障碍的早期识别与干预. 中国儿童保健杂志, 25(10), 1019-1022.

超常儿童教育：如何呵护"天才"？

Alsop, G. (1997). Coping or counselling: Families of intellectually gifted students. *Roeper Review*, *20* (1), 28-34. https://doi.org/10.1080/02783199709553847

Feldman, D. H., & Piirto, J. (1995). Parenting talented children. In M. H. Bornstein(Ed.), *Handbook of parenting*. (Vol. 1, pp. 285-304). Lawrence Erlbaum.

Heller, K. A. (2013). Findings form Munich longitudinal study of giftedness and their impact on identification, education and counseling. *Talent Development & Excellence*, 5(1), 51-64.

Neihart, M., Reis, S., Robinson, N. M., & Moon, S. M. (Eds.). (2002). *The social and emotional development of gifted children: What do we know?* Prufrock Press.

Pfeiffer, S. I., & Stocking, V. B. (2000). Vulnerabilities of academically gifted student. *Special Services in the Schools*, 16(1-2), 83-93. https://doi.org/10.1300/J008v16n01_06

Pfeiffer, S. I. (2013). *Serving the gifted: Evidence-based, clinical and psychoeducational practice*. Routledge.

Renati, R., Bonfiglio, N. S., & Pfeiffer, S. (2016). Challenges raising a gifted child: Stress and resilience factors within the family. *Gifted Education International*, 33(2), 145-162. https://doi.org/10.1177/0261429416650948

Renzulli, J. S. (2012). Reexamining the role of gifted education and talent development for the 21st Century: A four-part theoretical approach. *Gifted Child Quarterly*, 56(3), 150-159. https://doi.org/10.1177/0016986212444901

Ruf, D. L. (2009). *5 levels of gifted: School issues and educational options*. Great Potential Press.

Schwartz, L. L. (1981). Are you a gifted parent of a gifted child? *Gifted child quarterly*, 25(1), 31-35. https://doi.org/10.1177/001698628102500106

Weber, C. L., & Stanley, L. (2012). Educating parents of gifted children designing effective workshops for changing parent perceptions. *Gifted Child Today*, 35(2), 128-136. https://doi.org/10.1177/1076217512437734

Yang, W. (2004). Education of gifted and talented children: What's going on in China. *Gifted Education International*, 18(3), 313-325. https://doi.org/10.1177/026142940401800311

张琼, 施建农. (2005). 超常儿童研究现状与趋势. 中国心理卫生杂志, 19(10), 685-687.

疯狂的"莫扎特效应":学音乐能让人更聪明吗?

Bugos, J. A., Perlstein, W. M., McCrae, C. S., Brophy, T. S., & Bedenbaugh, P. H. (2007). Individualized piano instruction enhances executive functioning and working memory in older adults. *Aging and Mental Health*, 11(4), 464-471. https://doi.org/10.1080/13607860601086504

Chan, A. S., Ho, Y. C., & Cheung, M. C. (1998). Music training improves verbal memory. *Nature*, 396(6707), 128-128. https://doi.org/10.1038/24075

Herholz, S. C., & Zatorre, R. J. (2012). Musical training as a framework for brain plasticity: Behavior, function, and structure. *Neuron*, 76(3), 486-502. https://doi.org/10.1016/j.neuron.2012.10.011

Jain, C., Mohamed, H., & Kumar, A. U. (2015). The effect of

short-term musical training on speech perception in noise. *Audiology Research*, 5 (1), 111. https://doi.org/10.4081/audiores.2015.111

Moreno, S., Bialystok, E., Barac, R., Schellenberg, E. G., Cepeda, N. J., & Chau, T. (2011). Short-term music training enhances verbal intelligence and executive function. *Psychological Science*, 22 (11), 1425-1433. https://doi.org/10.1177/0956797611416999

Pietschnig, J., Voracek, M., & Formann, A. K. (2010). Mozart effect-Shmozart effect: A meta-analysis. *Intelligence*, 38 (3), 314-323. https://doi.org/10.1016/j.intell.2010.03.001

Rauscher, F. H., Shaw, G. L., & Ky, C. N. (1993). Music and spatial task performance. *Nature*, 365 (6447), 611-611. https://doi.org/10.1038/365611a0

Roden, I., Grube, D., Bongard, S., & Kreutz, G. (2014). Does music training enhance working memory performance? Findings from a quasi-experimental longitudinal study. *Psychology of Music*, 42 (2), 284-298. https://doi.org/10.1177/0305735612471239

Smayda, K. E., Worthy, D. A., & Chandrasekaran, B. (2018). Better late than never (or early): Music training in late childhood is associated with enhanced decision-making. *Psychology of Music*, 46 (5), 734-748. https://doi.org/10.1177/0305735617723721

Verghese, J., Lipton, R. B., Katz, M. J., Hall, C. B., Derby, C.

A., Kuslansky, G., Ambrose, A. F., Sliwinski, M., & Buschke, H. (2003). Leisure activities and the risk of dementia in the elderly. *Neurology*, 348(25), 2508-2516. https://doi.org/10.1056/NEJMoa022252

第三章　身体智慧篇

闻香识人：不要忽视那一吸间的暗号

Bensafi, M., Brown, W. M., Tsutsui, T., Mainland, J. D., Johnson, B. N., Bremner, E. A., Young, N., Mauss, I., Ray, B., Gross, J., Richards, J., Stappen, I., Levenson, R. W., & Sobel, N. (2003). Sex-steroid derived compounds induce sex-specific effects on autonomic nervous system function in humans. *Behavioral Neuroscience*, 117(6), 1125-1134. https://doi.org/10.1037/0735-7044.117.6.1125

Bensafi, M., Brown, W. M., Khan, R., Levenson, B., & Sobel, N. (2004). Sniffing human sex-steroid derived compounds modulates mood, memory and autonomic nervous system function in specific behavioral contexts. *Behavioural Brain Research*, 152(1), 11-22. https://doi.org/10.1016/j.bbr.2003.09.009

Berglund, H., Lindström, P., & Savic, I. (2006). Brain response to putative pheromones in lesbian women. *Proceedings of the National Academy of Sciences*, 103(21), 8269-8274. https://

doi. org /10. 1073 /pnas. 0600331103

Brennan, P. A. & Zufall, F. (2006). Pheromonal communication in vertebrates. *Nature*, *444* (7117), 308-315. https://doi. org /10. 1038 /nature05404

de Groot, J. H., Smeets, M. A., Rowson, M. J., Bulsing, P. J., Blonk, C. G., Wilkinson, J. E., & Semin, G. R. (2015). A sniff of happiness. *Psychological Science*, *26* (6), 684-700. https://doi. org /10. 1177 /0956797614566318

de Groot, J. H., van Houtum, L. A., Gortemaker, I., Ye, Y., Chen, W., Zhou, W., & Smeets, M. A. (2018). Beyond the west: Chemosignaling of emotions transcends ethno-cultural boundaries. *Psychoneuroendocrinology*, *98*, 177-185. https://doi. org /10. 1016 / j. psyneuen. 2018. 08. 005

Gelstein, S., Yeshurun, Y., Rozenkrantz, L., Shushan, S., Frumin, I., Roth, Y., & Sobel, N. (2011). Human tears contain a chemosignal. *Science*, *331* (6014), 226-230. https://doi. org /10. 1126 /science. 1198331

Jacob, S., McClintock, M. K., Zelano, B., & Ober, C. (2002). Paternally inherited HLA alleles are associated with women's choice of male odor. *Nature Genetics*, *30* (2), 175-179. https://doi. org /10. 1038 /ng830

Karlson, P., & Lüscher, M. (1959). 'Pheromones': A new term for a class of biologically active substances. *Nature*, *183* (4653), 55-

56. https：//doi. org /10. 1038 /183055a0

Lundstrom, J. N. , Gonçalves, M. , Esteves, F. , & Olsson, M. J. (2003). Psychological effects of subthreshold exposure to the putative human pheromone 4, 16-androstadien-3-one. *Hormones and Behavior*, *44* (5), 395-401. https：//doi. org /10. 1016 / j. yhbeh. 2003. 06. 004

Mitro, S. , Gordon, A. R. , Olsson, M. J. , & Lundström, J. N. (2012). The smell of age：Perception and discrimination of body odors of different ages. *PLoS One*, *7* (5), e38110. https：//doi. org /10. 1371 / journal. pone. 0038110

Pause, B. M. , Ohrt, A. , Prehn, A. , & Ferstl, R. (2004). Positive emotional priming of facial affect perception in females is diminished by chemosensory anxiety signals. *Chemical Senses*, *29* (9), 797-805. https：//doi. org /10. 1093 /chemse / bjh245

Rodriguez, I. , Greer, C. A. , Mok, M. Y. , & Mombaerts, P. (2000). A putative pheromone receptor gene expressed in human olfactory mucosa. *Nature Genetics*, *26* (1), 18-19. https：//doi. org /10. 1038 /79124

Russell, M. J. (1976). Human olfactory communication. *Nature*, *260* (5551), 520-522. https：//doi. org /10. 1038 /260520a0

Stern, K. , & McClintock, M. K. (1998). Regulation of ovulation by human pheromones. *Nature*, *392* (6672), 177-179. https：//doi. org /10. 1038 /32408

Varendi, H., & Porter, R. H. (2001). Breast odour as the only maternal stimulus elicits crawling towards the odour source. *Acta Paediatrica*, *90*(4), 372-375. https://doi.org/10.1111/j.1651-2227.2001.tb00434.x

Wallace, P. (1977). Individual discrimination of humans by odor. *Physiology & Behavior*, *19*(4), 577-579. https://doi.org/10.1016/0031-9384(77)90238-4

Ye, Y., Zhuang, Y., Smeets, M. A., & Zhou, W. (2019). Human chemosignals modulate emotional perception of biological motion in a sex-specific manner. *Psychoneuroendocrinology*, *100*, 246-253. https://doi.org/10.1016/j.psyneuen.2018.10.014

Zhou, W., & Chen, D. (2009). Fear-related chemosignals modulate recognition of fear in ambiguous facial expressions. *Psychological Science*, *20*(2), 177-183. https://doi.org/10.1111/j.1467-9280.2009.02263.x

Zhou, W., Yang, X., Chen, K., Cai, P., He, S., & Jiang, Y. (2014). Chemosensory communication of gender through two human steroids in a sexually dimorphic manner. *Current Biology*, *24*(10), 1091-1095. https://doi.org/10.1016/j.cub.2014.03.035

社会性注意：人类社交、生存和进化的关键力量

Driver IV, J., Davis, G., Ricciardelli, P., Kidd, P., Maxwell, E.,

& Baron-Cohen, S. (1999). Gaze perception triggers reflexive visuospatial orienting. *Visual Cognition*, 6 (5), 509-540. https://doi.org/10.1080/135062899394920

Friesen, C. K., & Kingstone, A. (1998). The eyes have it! Reflexive orienting is triggered by nonpredictive gaze. *Psychonomic Bulltin & Review*, 5 (3), 490-495. https://doi.org/10.3758/BF03208827

Kingstone, A., Tipper, C., Ristic, J., & Ngan, E. (2004). The eyes have it!: An fMRI investigation. *Brain Cognition*, 55 (2), 269-271. https://doi.org/10.1016/j.bandc.2004.02.037

Pelphrey, K. A., Morris, J. P., & McCarthy, G. (2005). Neural basis of eye gaze processing deficits in autism. *Brain*, 128 (5), 1038-1048. https://doi.org/10.1093/brain/awh404

Shi, J., Weng, X., He, S., & Jiang, Y. (2010). Biological motion cues trigger reflexive attentional orienting. *Cognition*, 117 (3), 348-354. https://doi.org/10.1016/j.cognition.2010.09.001

Wang, L., Yang, X., Shi, J., & Jiang, Y. (2014). The feet have it: Local biological motion cues trigger reflexive attentional orienting in the brain. *NeuroImage*, 84, 217-224. https://doi.org/10.1016/j.neuroimage.2013.08.041

"表里不一":伪装表情是否有迹可循?

Ekman, P., & Friesen, W. V. (1975). Unmasking the face: A

guide to recognizing emotions from facial clues. Prentice-Hall.

Ekman, P. (2003). Darwin, deception, and facial expression. *Annals of the New York Academy of Sciences*, 1000 (1), 205-221. https://doi.org/10.1196/annals.1280.010

Mondal, A., Mukhopadhyay, P., Basu, N., Bandyopadhyay, S. K., & Chatterjee, T. (2016). Quantitative analysis of Euclidean distance to complement qualitative analysis of facial expression during deception. *Industrial Psychiatry Journal*, 25 (1), 78-85. https://doi.org/10.4103/0972-6748.196048

Porter, S., & ten Brinke, L. (2008). Reading between the lies: Identifying concealed and falsified emotions in universal facial expressions. *Psychological Science*, 19 (5), 508-514. https://doi.org/10.1111/j.1467-9280.2008.02116.x

Porter, S., ten Brinke, L., & Wallace, B. (2012). Secrets and lies: Involuntary leakage in deceptive facial expressions as a function of emotional intensity. *Journal of Nonverbal Behavior*, 36 (1), 23-37. https://doi.org/10.1007/s10919-011-0120-7

ten Brinke, L., Porter, S., & Baker, A. (2012). Darwin the detective: Observable facial muscle contractions reveal emotional high-stakes lies. *Evolution and Human Behavior*, 33 (4), 411-416. https://doi.org/10.1016/j.evolhumbehav.2011.12.003

别对我说谎:人工智能下的微表情分析

Davison, A., Merghani, W., Lansley, C., Ng, C.-C., & Yap, M. H. (2018, May). Objective micro-facial movement detection using FACS-based regions and baseline evaluation. In 2018 13*th IEEE international conference on automatic face & gesture recognition* (pp. 642-649). IEEE.

Ekman, P., & Friesen, W. V. (1969). Nonverbal leakage and clues to deception. *Psychiatry*, 32(1), 88-106. https://doi.org/10.1080/00332747.1969.11023575

Huang, X., Wang, S., Liu, X., Zhao, G., Feng, X., & Pietikäinen, M. (2017). Discriminative spatiotemporal local binary pattern with revisited integral projection for spontaneous facial micro-expression recognition. *IEEE Transactions on Affective Computing*, 10(1), 32-47. https://doi.org/10.1109/TAFFC.2017.2713359

Li, J., Soladie, C., & Seguier, R. (2020). Local temporal pattern and data augmentation for micro-expression spotting. *IEEE Transactions on Affective Computing*, 14(1), 811-822. https://doi.org/10.1109/TAFFC.2020.3023821

Li, X., Hong, X., Moilanen, A., Huang, X., Pfister, T., Zhao, G., & Pietikäinen, M. (2017). Towards reading hidden emotions: A comparative study of spontaneous micro-expression spotting and recognition methods. *IEEE Transactions on affective computing*, 9(4), 563-577. https://doi.org/10.1109/TAFFC.2017.2667642

Moilanen, A., Zhao, G., & Pietikäinen, M. (2014, August). Spotting rapid facial movements from videos using appearance-based feature difference analysis. In *2014 22nd international conference on pattern recognition* (pp. 1722-1727). IEEE.

Tran, T. K., Hong, X., & Zhao, G. (2017, September). Sliding window based micro-expression spotting: A benchmark. In J. Blanc-Talon., R. Penne., W. Philips., D. Popescu., & P. Scheunders (Eds.), *Advanced concepts for intelligent vision systems: 18th international conference*, ACIVS 2017 (pp. 542-553). Springer International Publishing.

Verma, M., Reddy, M. S. K., Meedimale, Y. R., Mandal, M., & Vipparthi, S. K. (2021). AutoMER: Spatiotemporal neural architecture search for microexpression recognition. *IEEE Transactions on Neural Networks and Learning Systems*, 33(11), 6116-6128. https://doi.org/10.1109/TNNLS.2021.3072290

Wang, S., He, Y., Li, J., & Fu, X. (2021). MESNet: A convolutional neural network for spotting multi-scale micro-expression intervals in long videos. *IEEE Transactions on Image Processing*, 30, 3956-3969. https://doi.org/10.1109/TIP.

2021. 3064258

Wang, S., Li, B. J., Liu, Y., Yan, W., Ou, X., Huang, X., Xu, F., & Fu, X. (2018). Micro-expression recognition with small sample size by transferring long-term convolutional neural network. *Neurocomputing*, *312*, 251-262. https://doi.org/10.1016/j.neucom.2018.05.107

Wang, S. J., Wu, S., Qian, X., Li, J., & Fu, X. (2017). A main directional maximal difference analysis for spotting facial movements from long-term videos. *Neurocomputing*, *230*, 382-389. https://doi.org/10.1016/j.neucom.2016.12.034

Wang, S., Yan, W., Li, X., Zhao, G., Zhou, C., Fu, X., Yang, M., & Tao, J. (2015). Micro-expression recognition using color spaces. *IEEE Transactions on Image Processing*, *24*(12), 6034-6047. https://doi.org/10.1109/TIP.2015.2496314

Xia, Z., Peng, W., Khor, H. Q., Feng, X., & Zhao, G. (2020). Revealing the invisible with model and data shrinking for composite-database micro-expression recognition. *IEEE Transactions on Image Processing*, *29*, 8590-8605. https://doi.org/10.1109/TIP.2020.3018222

傅小兰. (2019). 说谎心理学. 中信出版社.

从身体到意识:探索身体-环境-大脑的认知交互

Clark, A. (2003). *Natural-born cyborgs:Minds,technologies,and the* future of human Intelligence. Oxford University Press.

Drijvers, L., & Trujillo, J. P. (2018). Commentary: Transcranial magnetic stimulation over left inferior frontal and posterior temporal cortex disrupts gesture-speech integration. *Frontiers in Human Neuroscience*, *12*, Article 256. https://doi.org/10.3389/fnhum.2018.00256

Han, Y., Kebschull, J. M., Campbell, R. A. A., Cowan, D., Imhof, F., Zador, A. M., & Mrsic-Flogel, T. D. (2018). The logic of single-cell projections from visual cortex. *Nature*, *556*(7699), 51-56. https://doi.org/10.1038/nature26159

Ralph, M. A. L., Jefferies, E., Patterson, K., & Rogers, T. T. (2017). The neural and computational bases of semantic cognition. *Nature Reviews Neuroscience*, *18*(1), 42-55. https://doi.org/10.1038/nrn.2016.150

Zhao, W., Riggs, K., Schindler, I., & Holle, H. (2018). Transcranial magnetic stimulation over left inferior frontal and posterior temporal cortex disrupts gesture-speech integration. *Journal of Neuroscience*, *38*(8), 1891-1900. https://doi.org/10.1523/JNEUROSCI.1748-17.2017

第四章 情绪调节篇

听音乐能减压？要看是什么音乐！

Gan, S. K. E., Lim, K. M. J., & Haw, Y. X. (2016). The relaxation effects of stimulative and sedative music on mathematics anxiety: A perception to physiology model. *Psychology of Music*, *44*(4), 264-312. https://doi.org/10.1177/0305735615590430

Jiang, J., Zhou, L., Rickson, D., & Jiang, C. (2013). The effects of sedative and stimulative music on stress reduction depend on music preference. *The Arts in Psychotherapy*, *40*(2), 201-205. https://doi.org/10.1016/j.aip.2013.02.002

Jiang, J., Rickson, D., & Jiang, C. (2016). The mechanism of music for reducing psychological stress: Music preference as a mediator. *The Arts in Psychotherapy*, *48*, 62-68. https://doi.org/10.1016/j.aip.2016.02.002

Lerdahl, F., & Krumhansl, C. L. (2007). Modeling tonal tension. *Music Perception*, *24*(4), 329-366. https://doi.org/10.1525/mp.2007.24.4.329

Salimpoor, V. N., van den Bosch, I., Kovacevic, N., McIntosh, A. R., Dagher, A., & Zatorre, R. J. (2013). Interactions between the nucleus accumbens and auditory cortices predict music reward value. *Science*, *340*(6129), 216-219. doi:10.1126/science.1231059

Sun, L., Thompson, W. F., Liu, F., Zhou, L., & Jiang, C. (2020). The human brain processes hierarchical structures of meter and harmony differently: Evidence from musicians and nonmusicians. *Psychophysiology*, *57*(9), e13598. https://doi.org/10.1111/psyp.13598

蒋存梅. (2016). 音乐心理学. 华东师范大学出版社.

张前. (2002). 音乐美学教程. 上海音乐出版社.

反刍思维：为什么事情会变成这样？

Bar, M. (2009). A cognitive neuroscience hypothesis of mood and depression. *Trends in Cognitive Sciences*, 13 (11), 456-463. https://doi.org/10.1016/j.tics.2009.08.009

Chen, X., Lu, B., & Yan, C. G. (2018). Reproducibility of R-fMRI metrics on the impact of different strategies for multiple comparison correction and sample sizes. *Human Brain Mapping*, 39 (1), 300-318. https://doi.org/10.1002/hbm.23843

Johnson, M. K., Raye, C. L., Mitchell, K. J., Touryan, S. R., Greene, E. J., & Nolen-Hoeksema, S. (2006). Dissociating medial frontal and posterior cingulate activity during self-reflection. *Social Cognitive and Affective Neuroscience*, 1 (1), 56-64. https://doi.org/10.1093/scan/nsl004

Nolen-Hoeksema, S. (1991). Responses to depression and their effects on the duration of depressive episodes. *Journal of Abnormal Psychology*, 100 (4), 569-582. https://doi.org/10.1037/0021-843X.100.4.569

Nolen-Hoeksema, S., & Morrow, J. (1991). A prospective study of depression and posttraumatic stress symptoms after a natural disaster: The 1989 Loma Prieta earthquake. *Journal of*

Personality and Social Psychology, 61(1), 115-121. https://doi.org/10.1037/0022-3514.61.1.115

Nolen-hoeksema, S., & Morrow, J. (1993). Effects of rumination and distraction on naturally occurring depressed mood. Cognition and Emotion, 7(6). 561-570. https://doi.org/10.1080/02699939308409206

Nolen-Hoeksema, S., Wisco, B. E., & Lyubomirsky, S. (2008). Rethinking rumination. *Perspectives on Psychological Science*, 3(5), 400-424. https://doi.org/10.1111/j.1745-6924.2008.00088.x

Nolen-Hoeksema, S., & Aldao, A. (2011). Gender and age differences in emotion regulation strategies and their relationship to depressive symptoms. *Personality and Individual Differences*, 51(6), 704-708. https://doi.org/10.1016/j.paid.2011.06.012

"内固精神,外示安逸":身心训练,你了解多少?

Chan, A. S., Sze, S. L., Siu, N. Y., Lau, E. M., & Cheung, M. C. (2013). A chinese mind-body exercise improves self-control of children with autism: A randomized controlled trial. *PLoS One*, 8(7), e68184. https://doi.org/10.1371/journal.pone.0068184

Chen, T., Yue, G. H., Tian, Y. X., & Jiang, C. J. (2016). Baduanjin mind-body intervention improves the executive control function. *Front. Psychol.*, 7, 2015. https://doi.org/10.3389/fpsyg.2016.02015

Ma, X., Yue, Z. Q., Gong, Z. Q., Zhang, H., Duan, N. Y., Shi, Y. T., Wei, G. X., & Li, Y. F. (2017). The effect of diaphragmatic breathing on attention, negative affect and stress in healthy adults. *Front. Psychol.*, *8*, 874. https://doi.org/10.3389/fpsyg.2017.00874

Merriam-Webster. (n. d.). Meditate. In Merriam-Webster.com dictionary. Retrieved December 18, 2019, from http://www.merriam-webster.com/dictionary/meditate

Ren, J., Huang, Z. H., Luo, J., Wei, G. X., Ying, X. P., Ding, Z. G., Wu, Y. B., & Luo, F. (2011). Meditation promotes insightful problem-solving by keeping people in a mindful and alert conscious state. *Sci China Life Sci*, *54*(10), 961-965. https://doi.org/10.1007/s11427-011-4233-3

Tang, Y. Y., & Bruya, B. (2017). Mechanisms of mind-body interaction and optimal performance. *Front. Psychol.*, *8*, 647. https://doi.org/10.3389/fpsyg.2017.00647

Wei, G. X., Xu, T., Fan, F. M., Dong, H. M., Jiang, L. L., Li, H. J., Yang, Z., Luo, J., & Zuo, X. N. (2013). Can Taichi reshape the brain? A brain morphometry study. *PLoS One*, *8*(4), e61038. https://doi.org/10.1371/journal.pone.0061038

Wei, G. X., Wei, G. X., Dong, H. M., Yang, Z., Luo, J., & Zuo, X. N. (2014). Tai Chi Chuan optimizes the functional organization of the intrinsic human brain architecture in older adults. *Front. Aging*

Neurosci. , *6* ,74. https：//doi. org /10. 3389 /fnagi. 2014. 00074

Wei,G. X. ,Gong,Z. Q. ,Yang,Z. ,& Zuo,X. N. (2017). Mind-body practice changes fractional amplitude of low frequency fluctuations in intrinsic control networks. *Front. Psychol.* , *8* ,1049. https：// doi. org /10. 3389 /fpsyg. 2017. 01049

Wu,W. L. ,Lin,T. Y. ,Chu,I. H. ,& Liang,J. M. (2015). The acute effects of yoga on cognitive measures for women with premenstrual syndrome. *Journal of Alternative & Complementary Medicine* ,21 (6) ,364. https：//doi. org /10. 1016 / S0415-6412(16)30009-1

呼吸放松：冥想对我们的大脑做了什么？

Fox,K. C. R. ,Nijeboer,S. ,Dixon,M. L. ,Floman,J. L. ,Ellamil,M. , Rumak,S. P. ,Sedlmeier,P. ,& Christoff,K. (2014). Is meditation associated with altered brain structure? A systematic review and meta-analysis of morphometric neuroimaging in meditation practitioners. *Neuroscience & Biobehavioral Reviews* ,*43* ,48-73. https：//doi. org /10. 1016 / j. neubiorev. 2014. 03. 016

Fox,K. C. R. ,Dixon,M. L. ,Nijeboer,S. ,Girn,M. ,Floman,J. L. , Lifshitz,M. ,Ellamil,M. ,Sedlmeier,P. ,& Christoff,K. (2016). Functional neuroanatomy of meditation：A review and meta-analysis of 78 functional neuroimaging investigations. *Neuroscience & Biobehavioral Reviews* , *65* ,208-228. https：//

doi. org /10. 1016 / j. neubiorev. 2016. 03. 021

Shen, Y. Q. , Zhou, H. X. , Chen, X. , Castellanos, F. X. , & Yan, C. G. (2020). Meditation effect in changing functional integrations across large-scale brain networks: Preliminary evidence from a meta-analysis of seed-based functional connectivity. *Journal of Pacific Rim Psychology*, *14*, e10. https: //doi. org /10. 1017 / prp. 2020. 1

心痛的科学：为什么被分手会让人心痛？

Chen, Z. S. , Williams, K. D. , MacDonald, G. , & Jensen-Campbell, L. A. (2011). Social pain is easily relived and prelived, but physical pain is not. In G. MacDonald & L. A. Jensen-Campbell (Eds.), *Social Pain: Neuropsychological and health implications of loss and exclusion* (pp. 161-177). American Psychological Association. https: //doi. org /10. 1037 /12351-007

Cosmides, L. , & Tooby, J. (2000). Evolutionary psychology and the emotions. *Handbook of emotions*, *2* (2), 91-115.

DeWall, C. N. , MacDonald, G. , Webster, G. D. , Masten, C. L. , Baumeister, R. F. , Powell, C. , Combs, D. , Schurtz, D. R. , Stillman, T. F. , Tice, D. M, & Eisenberger, N. I. (2010). Acetaminophen reduces social pain: Behavioral and neural evidence. *Psychological Science*, *21* (7), 931-937. https: //doi. org /10. 1177 /0956797610374741

Eisenberger, N. I. , & Lieberman, M. D. (2005). Why it hurts to be left out: The neurocognitive overlap between physical and social pain. In K. D. Williams, J. P. Forgas, & W. von Hippel (Eds.), *The social outcast: Ostracism, social exclusion, rejection, and bullying* (pp. 109-127). Psychology Press.

Eisenberger, N. I. , Inagaki, T. K. , Rameson, L. T. , Mashal, N. M. , & Irwin, M. R. (2009). An fMRI study of cytokine-induced depressed mood and social pain: The role of sex differences. *NeuroImage, 47* (3), 881-890. https://doi.org/10.1016/j.neuroimage.2009.04.040

Eisenberger, N. I. , Inagaki, T. K. , Mashal, N. M. , & Irwin, M. R. (2010). Inflammation and social experience: An inflammatory challenge induces feelings of social disconnection in addition to depressed mood. *Brain, Behavior, and Immunity, 24* (4), 558-563. https://doi.org/10.1016/j.bbi.2009.12.009

Kross, E. , Berman, M. G. , Mischel, W. , Smith, E. E. , & Wager, T. D. (2011). Social rejection shares somatosensory representations with physical pain. *Proceedings of the National Academy of Sciences, 108* (15), 6270-6275. https://doi.org/10.1073/pnas.1102693108

Leary, M. R. , Koch, E. J. , & Hechenbleikner, N. R. (2015). Emotional responses to interpersonal rejection. *Dialogues in Clinical Neuroscience, 17* (4), 435-441. https://doi.org/10.31887/DCNS.2015.17.4/mleary

Master, S. L., Eisenberger, N. I., Taylor, S. E., Naliboff, B. D., Shirinyan, D., & Lieberman, M. D. (2009). A picture's worth: Partner photographs reduce experimentally induced pain. *Psychological Science*, 20 (11), 1316-1318.

Stein, C. (2018). New concepts in opioid analgesia. *Expert Opinion on Investigational Drugs*, 27 (10), 765-775. https://doi.org/10.1080/13543784.2018.1516204

Watkins, L. R., Milligan, E. D., & Maier, S. F. (2003). Glial proinflammatory cytokines mediate exaggerated pain states: Implications for clinical pain. *Advances in Experimental Medicine and Biology*, 521, 1-21.

Zhang, M., Zhang, Y., & Kong, Y. (2019). Interaction between social pain and physical pain. *Brain Science Advances*, 5 (4), 265-273. https://doi.org/10.26599/BSA.2019.9050

Zhang, M., Zhang, Y., Mu, Y., Wei, Z., & Kong, Y. (2021). Gender discrimination facilitates fMRI responses and connectivity to thermal pain. *NeuroImage*, 244, 118644. https://doi.org/10.1016/j.neuroimage.2021.118644

重拾活力：赶走抑郁症这条"黑狗"

Chen, X., Chen, N. X., Shen, Y. Q., Li, H. X., Li, L., Lu, B., Zhu, Z. C., Fan, Z., & Yan, C. G. (2020). The subsystem mechanism of default mode network underlying rumination: A reproducible neuroimaging study. *NeuroImage*, *221*, 117185. https://doi.org/10.1016/j.neuroimage.2020.117185

Huang, Y., Wang, Y., Wang, H., Liu, Z., Yu, X., Yan, J., Yu, Y., Kou, C., Xu, X., Lu, J., Wang, Z., He, S., Xu, Y., He, Y., Li, T., Guo, W., Tian, H., Xu, G., Xu, X., ... Wu, Y. (2019). Prevalence of mental disorders in China: A cross-sectional epidemiological study. *Lancet Psychiatry*, *6*, 211-214. doi:10.1016/S2215-0366(18)30511-X

Li, L., Su, Y. A., Wu, Y. K., Castellanos, F. X., Li, K., Li, J. T., Si, T. M., & Yan, C. G. (2021). Eight-week antidepressant treatment reduces functional connectivity in first-episode drug-nave patients with major depressive disorder. *Human Brain Mapping*, *42*(8), 2593-2605. https://doi.org/10.1002/hbm.25391

Nolen-Hoeksema, S., Wisco, B. E., & Lyubomirsky, S. (2008). Rethinking rumination. *Perspectives on Psychological Science*, *3*(5), 400-424. https://doi.org/10.1111/j.1745-6924.2008.00088

Shen, Y. Q., Zhou, H. X., Chen, X., Castellanos, F. X., & Yan, C. G. (2020). Meditation effect in changing functional integrations across large-scale brain networks: Preliminary evidence from a meta-analysis of seed-based functional connectivity. *Journal of Pacific Rim Psychology*, *14*, e22. https://doi.org/10.1017/prp.2020.1

Yan, C. G., Rincón-Cortés, M., Raineki, C., Sarro, E., Colcombe, S.,

Guilfoyle, D. N., Yang, Z., Gerum, S., Biswal, B. B., Milham, M. P., Sullivan, R. M., & Castellanos, F. X. (2017). Aberrant development of intrinsic brain activity in a rat model of caregiver maltreatment of offspring. *Transl Psychiatry*, *7*(1), e1005. https://doi.org/10.1038/tp.2016.276

Yan, C. G., Chen, X., Li, L., Castellanos, F. X., Bai, T. J., Bo, Q. J., Cao, J., Chen, G. M., Chen, N. X., Chen, W., Cheng, C., Cheng, Y. Q., Cui, X. L., Duan, J., Fang, Y. R., Gong, Q. Y., Guo, W. B., Hou, Z. H., Hu, L., ... Zang, Y. F. (2019). Reduced default mode network functional connectivity in patients with recurrent major depressive disorder. *Proceedings of the National Academy of Sciences of the United States of America*, *116*(18), 9078-9083. http://doi.org/10.1073/pnas.1900390116

Zarate, C. A., Singh, J. B., Carlson, P. J., Brutsche, N. E., Ameli, R., Luckenbaugh, D. A., Charney, D. S., & Manji, H. K. (2006). A randomized trial of an n-methyl-d-aspartate antagonist in treatment-resistant major depression. *Archives of General Psychiatry*, *63*(8), 856-864. https://doi.org/10.1001/archpsyc.63.8.856

Zhou, H. X., Chen, X., Shen, Y. Q., Li, L., Chen, N. X., Zhu, Z. C., Castellanos, F. X., & Yan, C. G. (2019). Rumination and the default mode network: Meta-analysis of brain imaging studies and implications for depression. *NeuroImage*, *206*, 116287. https://

doi. org /10. 1016 / j. neuroimage. 2019. 116287

第五章　视觉世界篇

眼见为实？你被你的视觉欺骗了！

Baltus, A. , Wagner, S. , Wolters, C. H. , & Herrmann, C. S. (2018). Optimized auditory transcranial alternating current stimulation improves individual auditory temporal resolution. *Brain Stimulation*, 11 (1), 118-124. https://doi. org /10. 1016 / j. brs. 2017. 10. 008

Baumgarten, T. J. , Neugebauer, J. , Oeltzschner, G. , Füllenbach, N-D. , Kircheis, G. , Häussinger, D. , Lange, J. , Wittsack, H. -J. , Butz, M. , & Schnitzler, A. (2018). Connecting occipital alpha band peak frequency, visual temporal resolution, and occipital GABA levels in healthy participants and hepatic encephalopathy patients. *NeuroImage: Clinical*, 20, 347-356. https://doi. org /10. 1016 / j. nicl. 2018. 08. 013

Cecere, R. , Rees, G. , & Romei, V. (2015). Individual differences in alpha frequency drive crossmodal illusory perception. *Current Biology*, 25 (2), 231-235. https://doi. org /10. 1016 / j. cub. 2014. 11. 034

Samaha, J. , & Postle, B. R. (2015). The speed of alpha-band oscillations predicts the temporal resolution of visual perception.

Current Biology, 25 (22), 2985-2990. https://doi.org/10.1016/j.cub.2015.10.007

Wutz, A., Melcher, D., & Samaha, J. (2018). Frequency modulation of neural oscillations according to visual task demands. *Proceedings of the National Academy of Sciences*, 115 (6), 1346-1351. https://doi.org/10.1073/pnas.1713318115

视觉颠倒：为什么我们不会感觉世界是颠倒的？

Brazelton, T. B., Scholl, M. L., & Robey, J. S. (1966). Visual responses in the newborn. *Pediatrics*, 37 (2), 284-290. https://doi.org/10.1542/peds.37.2.284

Degenaar, J. (2014). Through the inverting glass: First-person observations on spatial vision and imagery. *Phenomenology and the Cognitive Sciences*, 13, 373-393. https://doi.org/10.1007/s11097-013-9305-3

Gritsenko, V., & Kalaska, J. F. (2010). Rapid online correction is selectively suppressed during movement with a visuomotor transformation. *J. Neurophysiol*, 104 (6), 3084-3104. https://doi.org/10.1152/jn.00909.2009

Kuang, S., & Gail, A. (2015). When adaptive control fails: Slow recovery of reduced rapid online control during reaching under reversed vision. *Vision Research*, 110, 155-165. https://doi.org/10.1016/j.visres.2014.08.021

Kuang, S., Morel, P., & Gail, A. (2016). Planning movements in visual and physical space in monkey posterior parietal cortex. *Cerebral Cortex*, *26* (2), 731-747. https://doi.org/10.1093/cercor/bhu312

Kuang, S. (2017). Is reaction time an index of white matter connectivity during training? *Cognitive Neuroscience*, *8*, 126-128. https://doi.org/10.1080/17588928.2016.1205575

O'Regan, J. K., & Noë, A. (2001). A sensorimotor account of vision and visual consciousness. *Behavioral and Brain Sciences*, *24* (5), 939-973. https://doi.org/10.1017/S0140525X01000115

Sachse, P., Beermann, U., Martini, M., Maran, T., Domeier, M., & Furtner, M. R. (2017). "The world is upside down"—The Innsbruck Goggle Experiments of Theodor Erismann (1883-1961) and Ivo Kohler (1915—1985). *Cortex*, *92*, 222-232. https://doi.org/10.1016/j.cortex.2017.04.014

Stein, T., Peelen, M. V., & Sterzer, P. (2011). Adults' awareness of faces follows newborns' looking preferences. *PLoS One*, *6* (12), e29361. https://doi.org/10.1371/journal.pone.0029361

Westendorff, S., Kuang, S., Taghizadeh, B., Donchin, O., & Gail, A. (2015). Asymmetric generalization in adaptation to target displacement errors in humans and in a neural network model. *Journal of Neurophysiology*, *113*, 2360-2375. https://doi.org/10.1152/jn.00483.2014

不喜欢 3D？你可能需要改善立体视

Astle, A. T., McGraw, P. V., & Webb, B. S. (2011). Recovery of stereo acuity in adults with amblyopia. *BMJ Case Reports*, 2011, bcr0720103143. https：//doi. org /10. 1136 / bcr. 07. 2010. 3143

Ding, J., & Levi, D. M. (2011). Recovery of stereopsis through perceptual learning in human adults with abnormal binocular vision. *Proceedings of the National Academy of Sciences of the United States of America*, 108 (37), E733-E741. https：//doi. org /10. 1073 /pnas. 1105183108

Fendick, M., & Westheimer, G. (1983). Effects of practice and the separation of test targets. *Vision Research*, 23 (2), 145-150. https：//doi. org /10. 1016 /0042-6989 (83) 90137-2

Frisby, J. P., & Clatworthy, J. L. (975). Learning to see complex random dot stereograms. *Perception*, 4 (2), 173-178. https：//doi. org /10. 1068 /p040173

Gantz, L., Patel, S. S., Chung, S. T. L., & Harwerth, R. S. (2007). Mechanisms of perceptual learning of depth discrimination in random dot stereograms. *Vision Research*, 47 (16), 2170-2178. https：//doi. org /10. 1016 / j. visres. 2007. 04. 014

Hess, R. F., Mansouri, B., & Thompson, B. (2010). A new binocular approach to the treatment of amblyopia in adults well beyond the critical period of visual development. *Restorative Neurology and*

Neuroscience, *28*, 793-802. https://doi.org/10.3233/rnn-2010-0550

Hess, R. F., Thompson, B., Black, J. M., Machara, G., Zhang, P., Bobier, W. R., & Cooperstock, J. (2012). An iPod treatment of amblyopia: An updated binocular approach. *Optometry*, *83*(2), 87-94.

Levi, D. M., Harwerth, R. S., & Smith, E. L. (1980). Binocular interactions in normal and anomalous binocular vision. *Documenta Ophthalmologica*, *49*, 303-324. https://doi.org/10.1007/bf01886623

McKee, S. P., Levi, D. M., & Movshon, J. A. (2003). The pattern of visual deficits in amblyopia. *Journal of Vision*, *3*(5), 380-405. https://doi.org/10.1167/3.5.5

O'Toole, A. J., & Kersten, D. J. (1992). Learning to see random-dot stereograms. *Perception*, *21*(2), 227-243. https://doi.org/10.1068/p210227

Portela-Camino, J. A., Martín-González, S., Ruiz-Alcocer, J., Illarramendi-Mendicute, I., & Garrido-Mercado, R. (2018). A random dot computer video game improves stereopsis. *Optometry and Vision Science*, *95*(6), 523-535. https://doi.org/10.1097/opx.0000000000001222

Ramachandran, V. S., & Sriram, S. (1972). Stereopsis generated with Julesz patterns in spite of rivalry imposed by colour filters. *Nature*, *237*, 347-348. https://doi.org/10.1038/237347a0

Ramachandran, V. S. (1976). Learning-like phenomena in stereopsis.

Nature, *262*, 382-384. https://doi.org/10.1038/262382a0

Ramachandran, V. S., & Braddick, O. (1973). Orientation-specific learning in stereopsis. *Perception*, *2*(3), 371-376. https://doi.org/10.1068/p020371

Richards, W. (1970). Stereopsis and stereoblindness. *Experimental Brain Research*, *10*, 380-388. https://doi.org/10.1007/bf02324765

Richards, W. (1971). Anomalous stereoscopic depth perception. *Journal of the Optical Society of America*, *61*, 410-414. https://doi.org/10.1364/josa.61.000410

Schmitt, C., Kromeier, M., Bach, M., & Kommerell, G. (2002). Interindividual variability of learning in stereoacuity. *Graefe's Archive for Clinical and Experimental Ophthalmology*, *240*, 704-709. https://doi.org/10.1007/s00417-002-0458-y

Schoemann, M. D., Lochmann, M., Paulus, J., & Michelson, G. (2017). Repetitive dynamic stereo test improved processing time in young athletes. *Restorative Neurology and Neuroscience*, *35*(4), 413-421. https://doi.org/10.3233/rnn-170729

Sowden, P., Davies, I., Rose, D., & Kaye, M. (1996). Perceptual learning of stereoacuity. *Perception*, *25*(9), 1043-1052. https://doi.org/10.1068/p251043

Wilson, H. R., & Julesz, B. (1972). Foundations of cyclopean perception. *Chicago Review*, *24*(3), 146-147. https://doi.org/10.2307/25294744

Xi, J. , Jia, W. L. , Feng, L. X. , Lu, Z. L. , & Huang, C. B. (2014). Perceptual learning improves stereoacuity in amblyopia. *Investigative Ophthalmology and Visual Science*, 55, 2384-2391. https://doi.org/10.1167/iovs.13-12627

逆袭黑暗世界：让盲人"看到"图像

BANA. (Ed.) (2010). *Guidelines and standards for tactile graphics*. Braille Authority of North America. https://bit.ly/49uqIHL

Heller, M. A. , Brackett, D. D. , Scroggs, E. , Steffen, H. , Heatherly, K. , & Salik, S. (2002). Tangible pictures: Viewpoint effects and linear perspective in visually impaired people. *Perception*, 31 (6), 747-769. https://doi.org/10.1068/p3253

Sinha, P. , & Kalia, A. A. (2012). Tactile picture recognition: Errors are in shape acquisition or object matching? *Seeing Perceiving*, 25 (3-4), 287-302. https://doi.org/10.1163/187847511x584443

焦阳,龚江涛,徐迎庆. (2016). 盲人触觉图像显示器 Graille 设计研究. 装饰, 273 (01), 94-96. doi:10.16272/j.cnki.cn11-1392/j.2016.01.024

卢纯福,宗先信. (2017). 盲人触觉图形显示设计方法研究. 设计, (7), 126-127.

视觉审美：美真的有客观准则吗？

Cunningham, M. R. , Roberts, A. R. , Barbee, A. P. , Druen, P. B. , &

Wu, C. H. (1995). "Their ideas of beauty are, on the whole, the same as ours": Consistency and variability in the cross-cultural perception of female physical attractiveness. *Journal of Personality and Social Psychology*, 68(2), 261. https://doi.org/10.1037//0022-3514.68.2.261

Fink, B., Grammer, K., & Matts, P. J. (2006). Visible skin color distribution plays a role in the perception of age, attractiveness, and health in female faces. *Evolution and Human Behavior*, 27(6), 433-442. https://doi.org/10.1016/j.evolhumbehav.2006.08.007

Langlois, J. H., & Roggman, L. A. (1990). Attractive faces are only average. *Psychological science*, 1(2), 115-121. https://doi.org/10.1111/j.1467-9280.1990.tb00079.x

Little, A. C., Jones, B. C., Burt, D. M., & Perrett, D. I. (2007). Preferences for symmetry in faces change across the menstrual cycle. *Biological Psychology*, 76(3), 209-216. https://doi.org/10.1016/j.biopsycho.2007.08.003

Little, A. C., Saxton, T. K., Roberts, S. C., Jones, B. C., DeBruine, L. M., Vukovic, J., Perrett, D. I., Feinberg, D. R., & Chenore, T. (2010). Women's preferences for masculinity in male faces are highest during reproductive age range and lower around puberty and post-menopause. *Psychoneuroendocrinology*, 35(6), 912-920. https://doi.org/10.1016/j.psyneuen.2009.12.006

Little, A. C., Jones, B. C., & DeBruine, L. M. (2011). Facial attractiveness: Evolutionary based research. *Philosophical Transactions of the Royal Society B: Biological Sciences, 366*, 1638-1659.

O'Doherty, J., Winston, J., Critchley, H., Perrett, D., Burt, D. M., & Dolan, R. J. (2003). Beauty in a smile: The role of medial orbitofrontal cortex in facial attractiveness. *Neuropsychologia, 41*(2), 147-155. https://doi.org/10.1016/s0028-3932(02)00145-8

Penton-Voak, I. S., Perrett, D. I., Castles, D. L., Kobayashi, T., Burt, D. M., Murray, L. K., & Minamisawa, R. (1999). Menstrual cycle alters face preference. *Nature, 399*, 741-742. https://doi.org/10.1038/21557

Ramachandran, V. S., & Hirstein, W. (1999). The science of art: A neurological theory of aesthetic experience. *Journal of Consciousness Studies, 6*(6-7), 15-51.

Spreckelmeyer, K. N., Rademacher, L., Paulus, F. M., & Gründe, G. (2013). Neural activation during anticipation of opposite-sex and same-sex faces in heterosexual men and women. *NeuroImage, 66*, 223-231. https://doi.org/10.1016/j.neuroimage.2012.10.068

Tsukiura, T., & Cabeza, R. (2008). Orbitofrontal and hippocampal contributions to memory for face-name associations: The rewarding power of a smile. *Neuropsychologia, 46*(9), 2310-2319. https://doi.org/10.1016/j.neuropsychologia.2008.03.013

van Hooff, J. C., Crawford, H., & van Vugt, M. (2011). The wandering mind of men: ERP evidence for gender differences in attention bias towards attractive opposite sex faces. *Social Cognitive and Affective Neuroscience*, 6(4), 477-485. https://doi.org/10.1093/scan/nsq066

徐华伟,牛盾,李倩.(2016).面孔吸引力和配偶价值:进化心理学视角.心理科学进展,24(7),1130-1138.

数字时代的挑战:如何管理孩子的"屏幕时间"?

Boers, E., Afzali, M. H., Newton, N., & Conrod, P. (2019). Association of screen time and depression in adolescence. *JAMA Pediatrics*, 173(9), 853-859. https://doi.org/10.1001/jamapediatrics.2019.1759

Carson, V., Kuzik, N., Hunter, S., Wiebe, S. A., Spence, J. C., Friedman, A., Tremblay, M. S., Slater, L. G., & Hinkley, T. (2015). Systematic review of sedentary behavior and cognitive development in early childhood. *Preventive Medicine*, 78, 115-22. https://doi.org/10.1016/j.ypmed.2015.07.016

Downing, K. L., Hinkley, T., Salmon, J., Hnatiuk, J. A., Hesketh, K. D. (2017). Do the correlates of screen time and sedentary time differ in preschool children? *BMC Public Health*, 17(1), 285. https://doi.org/10.1186/s12889-017-4195-x

Goncalves, W., Byrne, R., Viana, M. T., & Trost, S. G. (2019).

Parental influences on screen time and weight status among preschool children from Brazil: A cross-sectional study. *International Journal of Behavioral Nutrition and Physical Activity*, *16*, 27. https://doi.org/10.1186/s12966-019-0788-3

Haycraft, E., Sherar, L. B., Griffiths, P., Biddle, S., & Pearson, N. (2020). Screen-time during the after-school period: A contextual perspective. *Preventive Medicine Reports*, *19*, 101116. https://doi.org/10.1016/j.pmedr.2020.101116

Horowitz-Kraus, T., & Hutton, J. S. (2018). Brain connectivity in children is increased by the time they spend reading books and decreased by the length of exposure to screen-based media. *Acta Paediatrica*, *107* (4), 685-693. https://doi.org/10.1111/apa.14176

Hutton, J. S., Dudley, J., Horowitz-Kraus, T., Dewitt, T., & Holland, S. K. (2019). Associations between screen-based media use and brain white matter integrity in preschool-aged children. *JAMA Pediatrics*, *174* (1), e193869. https://doi.org/10.1001/jamapediatrics.2019.3869

Lanca, C., & Saw, S. M. (2020). The association between digital screen time and myopia: A systematic review. *Ophthalmic & Physiological Optics*, *40* (2), 216-229. https://doi.org/10.1111/opo.12657

LeBlanc, A. G., Spence, J. C., Carson, V., Connor Gorber, S.,

Dillman, C., Janssen, I., Kho, M. E., Stearns, J. A., Timmons, B. W., & Tremblay, M. S. (2012). Systematic review of sedentary behaviour and health indicators in the early years (aged 0-4 years). *Applied Physiology, Nutrition, and Mmetabolism, 37* (4), 753-772. https://doi.org/10.1139/h2012-063

Madigan, S., Browne, D., Racine, N., Mori, C., & Tough, S. (2019). Association between screen time and children's performance on a developmental screening test. *JAMA Pediatrics, 173* (3), 244-250. https://doi.org/10.1001/jamapediatrics.2018.5056

Moreno, M. A., Furtner, F., & Rivara, F. P. (2011). Reducing screen time for children. *Archives of Pediatrics & Adolescent Medicine, 165* (11), 1056. https://doi.org/10.1001/archpediatrics.2011.192

World Health Organization (Ed.) (2019). *Guidelines on physical activity, sedentary behaviour and sleep for children under 5 years of age*. World Health Organization. https://bit.ly/3UbulxX.

第六章 大脑透视篇

给大脑拍张照：磁共振成像如何"看清"大脑活动

Biswal, B., Yetkin, F. Z., Haughton, V. M., & Hyde, J. S. (1995). Functional connectivity in the motor cortex of resting human brain using echo-planar MRI. *Magnetic Resonance in Medicine*, 34 (4), 537-541. https://doi.org/10.1002/mrm.1910340409

Chen, X., Lu, B., & Yan, C. G. (2018). Reproducibility of R-fMRI metrics on the impact of different strategies for multiple comparison correction and sample sizes. *Human Brain Mapping*, 39, 300-318. https://doi.org/10.1002/hbm.23843

Sachs, M., Kaplan, J., Der Sarkissian, A., & Habibi, A. (2017). Increased engagement of the cognitive control network associated with music training in children during an fMRI Stroop task. *PLoS One*, 12 (10), e0187254. https://doi.org/10.1371/journal.pone.0187254

Yan, C. G., & Zang, Y. F. (2010). DPARSF: A MATLAB toolbox for "pipeline" data analysis of resting-state fMRI. *Frontiers in Systems Neuroscience*, 4, 13. https://doi.org/10.3389/fnsys.2010.00013

Yan, C. G., Cheung, B., Kelly, C., Colcombe, S., Craddock, R. C., Di Martino, A., Li, Q. Y., Zuo, X. N., Castellanos, F. X., & Milham, M. P. (2013). A comprehensive assessment of regional variation in the impact of head micromovements on functional connectomics. *NeuroImage*, 76, 183-201. https://doi.org/10.1016/j.neuroimage.2013.03.004

Yan, C. G., Craddock, R. C., Zuo, X. N., Zang, Y. F., & Milham, M. P. (2013). Standardizing the intrinsic brain: Towards robust measurement of inter-individual variation in 1000 functional connectomes. *NeuroImage*, 80, 246-262. https://doi.org/10.1016/j.neuroimage.2013.04.081

Yan, C. G., Wang, X. D., Zuo, X. N., & Zang, Y. F. (2016). DPABI: Data processing & analysis for (resting-state) brain imaging. *Neuroinformatics*, 14, 339-351. https://doi.org/10.1007/s12021-016-9299-4

Zhang, D., & Raichle, M. E. (2010). Disease and the brain's dark energy. *Nature Reviews Neurology*, 6 (1), 15-28. https://doi.org/10.1038/nrneurol.2009.198

严超赣. (2018). 大数据时代的静息态功能磁共振成像——走向精神疾病诊疗应用. 中华精神科杂志, 51 (4), 224-227. http://doi.org/10.3760/cma.j.issn.1006-7884.2018.04.002

大脑是如何工作的？揭开大脑组织与功能的奥秘

Chen, L., Liu, R., Liu, Z. P., Li, M., & Aihara, K. (2012). Detecting early-warning signals for sudden deterioration of complex diseases by dynamical network biomarkers. *Scientific Reports*, 2, 342. https://doi.org/10.1038/srep00342

Jiang, L., Hou, X. H., Yang, N., Yang, Z., Zuo, X. N. (2014). Examination of local functional homogeneity in Autism. *Biomed Research International*, 2015, Article 174371. https://doi.org/10.1155/2015/174371

Jiang, L. , Xu, T. , He, Y. , Hou, X. H. , Wang, J. , Cao, X. Y. , Wei, G. X. , Yang, Z. , He, Y. , Zuo, X. N. (2015). Toward neurobiological characterization of functional homogeneity in the human cortex: Regional variation, morphological association and functional covariance network organization. *Brain Structure & Function*, 220, 2485-2507. https://doi.org/10.1007/s00429-014-0795-8

Jiang, L. , Xu, Y. , Zhu, X. T. , Yang, Z. , Li, H. J. , & Zuo, X. N. (2015). Local-to-remote cortical connectivity in early- and adulthood-onset schizophrenia. *Translational Psychiatry*, 5, e566. https://doi.org/10.1038/tp.2015.59

Jiang, L. , & Zuo, X. N. (2016). Regional homogeneity: A multimodal, multiscale neuroimaging marker of the human connectome. *The Neuroscientist*, 22(5), 486-505. https://doi.org/10.1177/1073858415595004

Jiang, L. , Sui, D. , Qiao, K. , Dong, H. M. , Chen, L. , & Han, Y. (2018). Impaired functional criticality of human brain during Alzheimer's disease progression. *Scientific Reports*, 8(1), 1324. https://doi.org/10.1038/s41598-018-19674-7

左脑理性,右脑感性? 左右脑全面发展才是好脑子

Abutalebi, J. , & Green, D. W. (2016). Neuroimaging of language control in bilinguals: Neural adaptation and reserve. *Bilingualism: Language and Cognition*, 19, 689-698. https://doi.org/10.1017/

s1366728916000225

Alain, C., Zendel, B. R., Hutka, S., Bidelman, G. M. (2014). Turning down the noise: The benefit of musical training on the aging auditory brain. *Hearing Research*, *308*, 162-173. https://doi.org/10.1016/j.heares.2013.06.008

Bermudez, P., Lerch, J. P., Evans, A. C., & Zatorre, R. J. (2009). Neuroanatomical correlates of musicianship as revealed by cortical thickness and voxel-based morphometry. *Cerebral Cortex*, *19*, 1583–1596. https://doi.org/10.1093/cercor/bhn196

DeLuca, V., Rothman, J., Bialystok, E., & Pliatsikas, C. (2019). Redefining bilingualism as a spectrum of experiences that differentially affects brain structure and function. *Proceedings of the National Academy of Sciences*, *116* (15), 7565-7574. https://doi.org/10.1073/pnas.1811513116

Du, Y., & Zatorre, R. J. (2017). Musical training sharpens and bonds ears and tongue to hear speech better. *Proceedings of the National Academy of Sciences*, *114*, 13579-13584. https://doi.org/10.1073/pnas.1712223114

Herholz, S. C., & Zatorre, R. J. (2012). Musical training as a framework for brain plasticity: Behavior, function, and structure. *Neuron*, *76*, 486-502. https://doi.org/10.1016/j.neuron.2012.10.011

Humes, L. E. (1996). Speech understanding in the elderly. *J Am Acad*

Audiol, 7 (3), 161-167. https://bit.ly/4aqWx5y

Kausel, L., Zamorano, F., Billeke, P., Sutherland, M. E., Larrain-Valenzuela, J., Stecher, X., Shlaug, G., & Aboitiz, F. (2020). Neural dynamics of improved bimodal attention and working memory in musically trained children. *Frontiers in Neuroscience*, 14, 554731. https://doi.org/10.3389/fnins.2020.554731

Kimura, D. (1961). Cerebral dominance and the perception of verbal stimuli. *Canadian Journal of Psychology*, 15, 166-171. http://dx.doi.org/10.1037/h0083219

Li, X. N., Zatorre, R. J., & Du, Y. (2021). The microstructural plasticity of the arcuate fasciculus undergirds improved speech in noise perception in musicians. *Cerebral Cortex*, 31 (9), 3975-3985. https://doi.org/10.1093/cercor/bhab063

Mancuso, L., Costa, T., Nani, A., Manuello, J., Liloia, D., Gelmini, G., Panero, M., Duca, S., & Cauda, F. (2019). The homotopic connectivity of the functional brain: A meta-analytic approach. *Sci Rep*, 9, 3346. https://doi.org/10.1038/s41598-019-40188-3

Pichora-Fuller, M. K., & Souza, P. E. (2003). Effects of aging on auditory processing of speech. *Int. J. Audiol.*, 42, 11-16. https://doi.org/10.3109/14992020309074638

Toga, A. W., & Thompson, P. M. (2003). Mapping brain asymmetry. *Nat Rev Neurosci*, 4 (1), 37-48.

Zhang, L., Fu, X. Y., Luo, D., Xing, L. D. S., & Du, Y. (2021).

Musical experience offsets age-related decline in understanding speech-in-noise: Type of training does not matter, working memory is the key. *Ear and Hearing*, 42(2), 258-270. https://doi.org/10.1097/aud.0000000000000921

心理实验测试平台盘点：全球心理学家的实验工具箱

孙雨薇,陈子炜,曹思琪,齐玥,刘勋.(2020).基于认知图谱的心理实验标准化测试平台调研.科学通报,65(21),2201-2208. https://doi.org/10.1360/TB-2020-0004